朱学骏 吴 艳 仲少敏/编著

跟皮肤专家学护肤

人民卫生出版社

图书在版编目（CIP）数据

跟皮肤专家学护肤 / 朱学骏，吴艳，仲少敏编著 . —北京：人民卫生出版社，2016

ISBN 978-7-117-23638-6

I. ①跟… Ⅱ. ①朱… ②吴… ③仲… Ⅲ. ①皮肤 – 护理 – 基本知识 Ⅳ. ①TS974.11

中国版本图书馆 CIP 数据核字（2016）第 262083 号

人卫智网	www.ipmph.com	医学教育、学术、考试、健康，购书智慧智能综合服务平台
人卫官网	www.pmph.com	人卫官方资讯发布平台

跟皮肤专家学护肤

编　　著：朱学骏　吴　艳　仲少敏
出版发行：人民卫生出版社（中继线 010-59780011）
地　　址：北京市朝阳区潘家园南里 19 号
邮　　编：100021
E - mail：pmph @ pmph.com
购书热线：010-59787592　010-59787584　010-65264830
印　　刷：北京盛通印刷股份有限公司
经　　销：新华书店
开　　本：710×1000　1/16　　印张：8.5
字　　数：133 千字
版　　次：2016 年 12 月第 1 版　2017 年 2 月第 1 版第 3 次印刷
标准书号：ISBN 978-7-117-23638-6/R · 23639
定　　价：48.00 元

打击盗版举报电话：010-59787491　E-mail：WQ @ pmph.com
（凡属印装质量问题请与本社市场营销中心联系退换）

Foreword 序

　　《跟皮肤专家学护肤》是朱学骏教授率领我科皮肤美容专家吴艳教授和仲少敏医生编写的一部指导科学护肤、正确选择医疗美容手段的科普读物。

　　近30年来，随着经济的发展和人民生活的改善，皮肤病病谱发生了很大的变化，人们对靓丽肌肤的追求愿望不断增强。现代医学模式已经从以治疗皮肤病为主向预防疾病、恢复健康皮肤方向转变。因此，针对皮肤的正确护理及健康教育知识普及显得格外重要。

　　朱学骏教授是我国著名的皮肤科学专家，在皮肤病的诊断治疗上有很高的造诣。近年来朱教授对皮肤科的科普教育倾注了很大的热情，投入了很多精力。在5年前开通微博，每天坚持义务在线回答患者提出的问题，目前已经拥有粉丝60余万；他还经常做客养生堂等健康教育节目，普及皮肤健康知识。

　　针对常见的皮肤健康问题，朱学骏教授和他的团队，总结了几十年的临床经验，深入浅出地阐述了护肤的基本要素，帮大家绕开常见的误区；对常用医疗美容手段及技术、术后皮肤护理的细节进行了详尽地介绍，帮助大家去深入了解这些技术。

　　本书设计精巧，首先介绍了皮肤基础护理三部曲。后面两章分别介绍了一些需要在医院进行的医疗美容手段和可以在家进行的美容护理，给爱美的人士提供了科学、可靠的选择。最后一章针对一些常见皮肤问题给出了专业又易懂的解释，堪称一部非常实用的皮肤健康美容宝典。

　　我相信这本书一定会受到广大爱美人士的喜爱，为普及皮肤医学美容知识做出贡献。

北京大学第一医院皮肤科主任

中国医师协会皮肤科医师分会会长

李若瑜

2016年仲秋

Preface 前言

　　《跟皮肤专家学护肤》的出版是一件水到渠成的事，源于我这几年做科普回馈社会的初衷。

　　2011年11月，从中国医师协会皮肤科医师分会会长职务退下来后，我决定做科普。皮肤科有一点近水楼台的好处，就是以形态学为主，有清晰的照片就可以作出基本诊断，提供咨询意见。我就这样开了微博，每天晚间花1小时回答粉丝问题。继续用我毕生所学为更多人服务，尽到我的一份社会责任。

　　皮肤病十分常见、多发。在微博与粉丝互动过程中，深感有必要写一本有关皮肤知识的科普书，讲讲如何正确护理皮肤，防患于未然。本书很多内容来自于我微博回答问题的文字积累，教给大家如何正确处理腠理之疾。

　　在咨询的问题中，相当一部分与美容相关。我从医50余年。亲身经历了皮肤科学的巨大变化。皮肤美容发展十分迅速，正成为皮肤科学的一个重要分支。新技术、新概念层出不穷，令人目不暇接。作为皮肤科医生，我认为有必要从专业角度谈护理、谈皮肤美容、谈公众所关注的皮肤问题。为此，与我科两位专门从事皮肤美容的专家吴博士及仲博士一起撰写了本书。写作过程中，在强调科学性的同时加强趣味性，在突出护肤理念的同时注重实用性，在介绍美容技术时力求通俗易懂。希望求美者选择正规的医疗机构来实现美的愿望，避免被不切实际的宣传误导。

　　感谢全科同事对本书写作时提供的支持与帮助，感谢布瓜先生为本书画了精美的插图，感谢人卫社编辑们的勤奋工作。衷心希望能够通过这本书将科学护肤的秘密深入浅出地展现给大家，帮助每个人拥有健康、靓丽的肌肤。

北京大学第一医院皮肤科教授

朱学骏

目录 *Contents*

Part 1

皮肤护理三部曲——
清洁，保湿，防晒

2　　**皮肤基础护理之清洁篇**

2　　1. 清洁产品太多了，该如何选择

3　　2. 清洁的水温多少合适

4　　3. 一天洗几次脸

4　　4. 蒸脸到底好不好

6　　5. 如何做好皮肤深层清洁

7　　6. 洗脸神器——洗脸刷好不好用

8　　**皮肤基础护理之保湿篇**

8　　1. 皮肤为什么会变干

10　　2. 如何选择保湿用品——何为润肤剂，何为保湿剂

12　　3. 油性皮肤是否需要用护肤品

13　　4. 保湿喷雾不能保湿是用的不对

14　　5. 各种化妆水该怎么使用

16　　6. 在寒冷的冬天，保湿的功课一定要做足

18　　**皮肤基础护理之防晒篇**

18　　1. 防晒系数（SPF和PA）是什么意思，该如何选择

9

20 2. 物理防晒霜比化学防晒霜更好更安全吗

21 3. 孩子需要防晒吗

22 4. 隔离霜可以代替防晒霜使用吗

22 5. 有防晒作用的BB霜和CC霜可以代替防晒霜吗

23 6. 防晒霜可以涂在眼睛周围吗

24 7. 室内要防晒吗

25 8. 油性肌肤不喜欢涂防晒霜怎么办

26 9. 防晒产品需要卸妆吗

26 10. 现在出现很多专门的眼周、唇部防晒，有必要吗

27 11. 在户外暴晒后如何给肌肤快速降温

Part 2

常用的
生活美容小技巧

30 **皮肤护理小妙招**

30 1. 长了"脂肪粒"，莫要怪眼霜

31 2. 化妆品真的会被细菌污染吗

31 3. 有一些"快速祛斑"美白的方法可靠吗

32 4. 自制面膜更天然更安全吗

33 5. 如何选择护肤产品

34   6. 教你在家做一个保湿的SPA（淀粉浴、燕麦浴）

35   7. 怎样拥有滋润的红唇

36   8. 巧用保鲜膜封包

37   敏感皮肤并不是真正的皮肤过敏

37   1. 有一种"过敏"其实只是敏感而已

38   2. 为什么皮肤会变成"敏感皮肤"

39   3. 有没有办法可以判断自己是否真正的过敏呢

40   4. 出现了皮肤敏感怎么办，用了激素药膏会好些，又
       担心副作用

41   温和又好用的护肤品——医学护肤品或药妆

41   1. 听到药妆、医学等字眼有点怕，是含药物的护肤品
       吗，一般人可以使用吗

41   2. 能推荐几个医学护肤品吗，在何处能买到呢

42   脸上长斑了，该怎么办

42   1. 雀斑

43   2. 黄褐斑

44   3. 老年斑

45   **青春的烦恼——痘痘**

45   1. 有没有一种方法，能让我从此不长痘

47   2. 出油多、毛孔大怎么办

48   3. 总是出油、长痘痘的皮肤可以用护肤品吗

48   4. 快40岁了，为什么还长痘痘

49   5. 许久不能消退的痘印和痘坑，还有办法吗

50   **玫瑰痤疮不是真正的痤疮**

50   1. 红斑期

51   2. 丘疹及脓疱期

51   3. 鼻赘期

52   **恼人的面部红血丝怎么办**

53   **难看的妊娠纹有没有办法祛除**

54   **新生宝宝的皮肤特点及护理**

54   1. 新生儿皮肤特点

55   2. 新生儿皮肤清洁

55   3. 新生儿痤疮

56   4. 新生儿红斑

56   5. 新生儿黄疸

57   6. 宝宝口水疹

57   7. 宝宝红屁股——尿布疹

Part 3

医院使用的
医学美容技术

60　光子嫩肤和激光不可相互替代

60　1. 光子嫩肤美容技术

61　2. 激光美容技术

62　肤色均一才重要

62　1. 黑褐斑点巧识别

67　2. 红色印记学问多

70　3. 长在眼睑的黄色斑——睑黄疣

70　4. 令人恐惧的皮肤白斑不都是白癜风

71　5. 五彩文身能否去掉

72　激光可有效改善皱纹和痘坑

74　光电技术对抗松弛——无创紧致肌肤

74　1. 电波拉皮

74　2. 光动力疗法的嫩肤控油效果好

75　3. 黄金微针

76　4. 热玛吉——精准射频紧致肌肤

77　5. 超声刀——音波极致拉皮无创紧致深

　　　层肌肤

79 针尖上的艺术——皮肤微整形

79 1. 肉毒素——安全除皱无毒无害

81 2. 玻尿酸——局限性容积缺损的克星

83 神奇的水光针——皮肤深层补水美白

84 果酸换肤——全能的美容小能手

86 活性维生素C美白，导入效果好

88 轻松拥有清爽肌肤——激光脱毛

89 激光术前后注意事项

91 各种美容术各有千秋，联合治疗效果好

Part 4

专家亲自讲解
常见的皮肤问题

94 如何正确使用外用药

95 如何把握好激素这把"双刃剑"

97 妊娠期及哺乳期的用药分类

98 忌口有讲究

99 皮肤病忌抓、忌抠

100 哪些药能止痒

101 特应性皮炎及婴儿湿疹

102　皮炎与湿疹是一回事吗

103　最常见的皮肤过敏——荨麻疹

104　头皮屑多、痒怎么办

104　手掌脱皮与汗疱疹

105　手足皲裂需要特别护理

106　手足癣与股癣可互相传染

107　甲癣治疗要耐心

108　花斑癣需要治疗

109　带状疱疹尽早治疗效果好

110　容易复发的单纯疱疹

111　传染性软疣要及时治疗

112　虫咬皮炎不能大意

113　毛周角化病的护理

114　人人都会长的色素痣

115　治疗白癜风要坚持

116　老年人要关注的皮肤瘙痒

117　皮肤常见小肿物

118　衰老在皮肤上留下的痕迹——老年性皮肤改变

119　常见的皮肤恶性肿瘤早知道

Part 1

皮肤护理三部曲——
清洁，保湿，防晒

爱美的女孩子们，有没有这样的苦恼：用了很多美白产品皮肤依然不够白；天天保湿，脸还是干干的；梳妆台上瓶瓶罐罐一大堆，皮肤依然看起来问题多多，肤色不好、痘痘、脱皮、过敏；护肤品换了不知多少种，却总也没有找到灵丹妙药？先别着急，这些问题有可能只是你的护理方法不太适当造成的。要知道，皮肤本身有强大的自我修复能力，不要过多地去干预。频繁地更换护肤品，只能对皮肤造成负担，反而得不偿失。

　　正确的皮肤护理，其实非常简单：清洁，保湿和防晒。这三者相辅相成，缺一不可。你只要能够认真做好这三件事，就会发现，要想保持健康美丽的肌肤其实并不难。

皮肤基础护理之清洁篇

　　清洁是皮肤护理第一步，是基础，正确的洁面可以恰到好处地去掉脸上过多的油脂、灰尘和残留的化妆品，而不破坏皮肤的皮脂膜和天然保湿因子，使皮肤保持最好的酸碱度和最佳的状态，之后的护肤品才能充分发挥作用，收到事半功倍的效果。

　　无论用什么样的产品，有一点必须注意：**清洁方式一定要温和。** 要记住健康的皮肤有自我更新的能力，它会根据身体的需要进行代谢和修复，皮肤为我们提供保护，**我们要善待皮肤，不要使用任何过激的手段，以免破坏了保护屏障。**

1. 清洁产品太多了，该如何选择

　　挑选一款适合自己的洗面奶，就为正确护理皮肤迈出了重要的第一步。如今市面上的清洁用品琳琅满目，该如何选择？首先要清楚，无论它的名字是什么，清洁产品的原理都是一样的，主要成分都是由油相物、水相物、表面活性剂、保湿剂等几部分构成。其中添加的成分多少决定了产品的不同性能。一般来说，泡沫越多的产品，清洁的能力越强，比较适合油性皮肤的人使用；而添加了较多润肤成分的产品，泡沫就比较少，质地比较温和，适合干性皮肤的人使用。

对于洗面奶如何选择，要记住几点：

（1）**好的洗面奶，洗完之后脸上的皮肤摸起来滑滑的，没有绷紧的感觉。**如果每次洗完脸后，都觉得皮肤紧绷绷、涩涩的，那么你的清洁可能过度了。

（2）洁面产品并不是泡沫越多越好，很多洗面奶，添加了高浓度的润肤成分，并没有很多泡沫，却能够洗得很干净，同时又可以为皮肤提供保护，值得试试。

（3）皮肤的表面是弱酸性的，这是皮脂膜完整的标志。你的洗面奶最好是在这个酸度，不要不小心洗掉了保护膜。

（4）对于干性皮肤和敏感性皮肤的人，并不是每次洗脸都要使用洗面奶，如果没有使用特殊的化妆品，很多保湿霜仅用清水就可以洗掉。

2. 清洁的水温多少合适

一般来讲，面部清洁以温水洗比较好。原因有两个：第一是因为热水可以加速面部油脂的脱失，长期用热水洗脸，再加上使用香皂、洗面奶等清洁用品容易引起皮脂膜的破坏，使皮肤干燥脱皮，抵抗力下降；第二是因为热水本身是一种刺激因素，会使血管扩张充血，对于面部比较敏感的人来说，容易造成面部发红，时间长了会出现红血丝。在有特殊需要的时候，比如面部出油较多、长粉刺，可以用热水洗脸或者蒸脸，有助于帮助毛孔打开，加速油脂排出。蒸脸的次数不要太多，做完之后要在面部使用清爽的保湿霜。对于洗澡也是同样的道理，水温应以感觉舒适的温水为宜。冬天有人喜欢蒸桑拿、泡温泉，可以促进血液循环，对一些慢性疾病还有一定的治疗作用，但是时间不要太长，次数也不要太频繁，最好用温水冲洗后在全身涂上润肤乳。

3. 一天洗几次脸

皮肤表面并不是无菌的，它替我们阻挡外来的灰尘和污物甚至细菌，并不是要时时刻刻清洗。洗脸的次数并没有严格的限制，对于健康的皮肤，一天洗两次就可以了。关键在于以什么样的方式洗脸，洗完之后有没有正确护理。

其实，对于油性皮肤的人，有人说要多洗脸，否则多余的油脂会堵塞毛孔；有人说一天最多洗两次，洗多了会加速皮脂腺的分泌，使皮肤变得更油。到底哪种说法是对的呢？皮脂腺位于皮肤较深的部位，洗脸本身并不能改变皮脂腺的分泌使皮肤出油更多。要想通过洗脸使皮脂腺的开口通畅或者洗掉皮脂腺内多余的油脂几乎是不可能的。过多地使用洁面产品洗脸，只会破坏皮脂膜和天然屏障，而加重皮肤的干燥，使皮肤出现脱皮，更难护理。所以，洗脸的次数以舒适清爽为目的，并不需要过多次数。洗完之后，还需要及时使用保湿霜。

4. 蒸脸到底好不好

蒸脸是一个比较传统的美容项目，像很多皮肤护理一样，好与不好不能一言以蔽之。其实不只是美容院，在医院也有这样的皮肤护理，用较热的蒸汽或面膜进行面部的护理，可以促进皮肤的新陈代谢和血液循环，帮助毛孔打开，促进皮脂排出，使药物和护肤品更容易吸收。蒸完之后，涂上保湿效果好的护肤品，可以发现皮肤变得干净爽滑有光泽。

蒸脸更适合面部出油多、毛孔堵塞的人，不是所有人都适合，也不能天天做。因为蒸脸并不是在皮肤正常状态下进行的，使皮肤频繁暴露于高温和高湿度的状态下，皮肤会难以适从，不但不能达到护肤的效果，还会使皮脂膜破坏、血管扩张，皮肤变得更脆弱。蒸脸可以在美容院或医院做，也可以自己在家做，但有几个原则一定要记住。

（1）蒸脸的温度并不是越高越好。特别是对于干性和敏感性皮肤的人，还是不建议做这种治疗。否则容易造成用热水洗脸一样的后果，皮肤更干更敏感。对于油性皮肤的人，适当提高温度是可以的，但也要以舒适为宜，避免过热。蒸过一段时间后，就可以清理皮脂，这时候毛囊口扩张，皮脂更容易挤出来。

（2）蒸脸的时间不要太长。一般以10~15分钟比较合适。时间太长反而容易加重皮肤的负担。次数也不要太频繁，一般1~2周做一次就可以了。

（3）蒸完脸后，一定要根据肤质的不同，及时使用保湿护肤品，这个时候的吸收是最好的，既可以保护皮肤，又能达到较好的护理效果。

5. 如何做好皮肤深层清洁

如果想要深层洁肤，需要选择特殊类型的洗面奶，即含有水杨酸（BHA）的洗面奶。水杨酸具有脂溶性，能深入毛孔深处和含脂质多的角质层中，发挥抗角化作用，帮助毛孔中堆积的皮脂排出，祛除粉刺，治疗和预防痤疮。磨砂膏、磨砂洗面奶是一类比较特殊的清洁用品。除了一般的清洁作用以外，因为含有磨砂颗粒，具有轻度去角质的作用，可以达到深层清洁的功效。对于磨砂膏这一类产品，仅适用于油性皮肤和角质堆积的皮肤，敏感皮肤和干性皮肤应避免使用。

6. 洗脸神器——洗脸刷好不好用

人们借助于机械摩擦的原理来清洁皮肤，祛除角质由来已久。这些工具包括海绵、丝瓜络、泡泡浴花、搓巾等。现在又有了新的洁面工具——洗脸刷。事实上洗脸刷利用的还是一种机械原理，只是配合了粗细、大小不同的刷头和声波震荡，达到更为可控而精细的清洁效果。基于其工作原理，不恰当地使用，可以造成皮肤屏障损伤。由此看来，洗脸刷并非神器，也并非任何人都适合用洗脸刷。洗脸刷更适合油性皮肤、皮肤粗糙毛孔粗大、有粉刺，或者皮肤老化且角质层厚的人使用，可以帮助去角质，具有减少粉刺和深层清洁的作用，使肌肤更光滑、细嫩。另外对于经常化浓妆的人，可以帮助清洁皮肤。但是每次使用时间不能过长，应适可而止，并且注意使用方法，不要用力压迫皮肤使摩擦力过大。如果皮肤是中性并且没有化妆习惯，或者有敏感、炎症等问题，建议不要使用洗脸刷。

@皮科大夫朱学骏 送给你的私信

皮肤是人的忠诚卫士，它默默地守卫着人体的边界，而不求索取。我们往往对心、肝、肾等内脏十分关注，而对皮肤的健康关注不够。关爱皮肤，是一个皮肤科医师的呼吁。病从口入，人人皆知。须知，边界不守住，同样会得病的，而且不只是皮肤病。

皮肤基础护理之保湿篇

　　保湿是基础皮肤护理的第二步，也是非常关键的一步。皮肤的角质层含水量一般在20%～30%。含水量低于10%时，角质层的正常代谢无法进行，功能受到影响，皮肤就像干涸的土地一样会变得粗糙紧绷，出现干燥脱屑和缺水的细纹，甚至皲裂，容易引发皮肤问题。如果皮肤保湿做得好，角质层细胞吸饱了水，皮肤就会变得柔软平滑，看起来透明有质感，其他的美白、抗老化护肤品才更容易吸收。保湿是所有皮肤护理中最容易也是见效最快的，方法很简单：正确的护肤理念加上合适的保湿产品。

1. 皮肤为什么会变干

　　正常皮肤的角质层可以形成一个完整的"膜"，防止水分丢失，保护内部结构不受损伤，医学上叫做"屏障功能"。干性皮肤的屏障功能受到了影响，"保护膜"不再完整。因此皮肤内的水分、电解质和其他物质会通过表皮丧失，这样会使皮肤更干燥，出现恶性循环；同时，外界有害的或刺激性物质容易入侵，导致皮肤过敏或感染。引起屏障功能破坏，使皮肤变干的原因有很多。

　　（1）很多人生来皮肤就是干性的，这与遗传有关，可以通过后天的护理得到改善。

（2）不正确的生活习惯是引起皮肤干燥常见的原因，如经常作温度过高的热水浴，包括淋浴、使用强效的清洁控油祛痘产品、用碱性大的香皂洗澡等，这样容易破坏皮肤表面正常的脂质，加重皮肤干燥。

（3）环境因素，如寒冷、干燥、经常使用空调、刮风的天气等，都可以加重皮肤干燥。在室内使用加湿器可以缓解干燥所带来的不适感觉，还可以帮助皮肤找回丢掉的水分，在北方的冬季，是很好的选择。

（4）患有一些疾病，如甲状腺功能减退和尿毒症的患者容易出现皮肤干燥；服用某些特殊的药物，如服用锂制剂或维甲酸类药物等可以导致皮肤干燥。

（5）精神压力过大会影响皮肤的自行修复，加重皮肤的干燥。

（6）年龄因素也不能忽视，皮肤老化后，修复速度缓慢，同时由于天然保湿因子的合成减少，皮肤的保水能力下降，因此更容易干燥。

@皮科大夫朱学骏 送给你的私信

皮肤位于人体最外层，从外至内是表皮、真皮及皮下组织。皮肤是机体与外界环境间的天然屏障，能在变化不定的外环境中保持机体内环境相对稳定，皮肤是至关重要的。没有皮肤，人是无法生存的。没有完整健康的皮肤，生活质量也将大打折扣。

2. 如何选择保湿用品——何为润肤剂，何为保湿剂

　　一瓶好的保湿霜是每个爱美女生的必备品，它可以为你提供长久的保护，即使在干燥的环境中也感觉安心舒适。目前市面上的保湿品种类繁多，不论外形香味如何变化，保湿护肤品主要活性成分为三种：封包剂、吸湿剂和润肤剂。不同的保湿霜就是这三类物质的不同配比。

　　（1）封包剂一般是油脂，可以在皮肤表面形成一层膜，防止皮肤表面水分蒸发，如凡士林、矿物油、石蜡、鲨烯、植物油、动物油（如羊毛脂）、硅树脂等。硅树脂是一种新的封包剂，它的特点是不导致粉刺、低致敏性、没有强烈的气味，在市场上销售的"无油配方"保湿产品中经常可以找到这种成分。

　　（2）吸湿剂是指能吸收水分的物质。常用的有：甘油、丙二醇、尿素、山梨糖醇、蜂蜜、吡咯烷酮烯羧酸（PCA）等。它们吸收水分没有选择性，环境湿度大的时候，可以从环境中吸收水分，如果环境特别干燥，就会从皮肤中吸收水分，单独使用的话，反而会使皮肤变干。所以**单独使用甘油不是好的保湿方法**，必须跟封包剂同时使用，才能提供有效的保湿作用。

　　（3）润肤剂是包括一大组从酯到长链醇的化合物。长链醇涂抹后能填充在干燥皮肤角质细胞间的裂隙中，使皮肤变得柔软、光滑。常用的包括：十六烷基硬脂酸盐、C12-15

烷基安息香酸盐、蓖麻油、希蒙得木油、异丙基棕榈酸盐、二辛酰基马来酸盐等。

　　判断一种保湿霜好坏的方法很简单。**你只要在面部或身体上试用这种产品，皮肤的感受就是最好的答案。**好的保湿霜可以提供长时间的湿润感觉，用完后皮肤湿润光滑有弹性。保湿霜质地清爽很重要，皮肤吸收好，完全不会油腻泛油光，很适合油性皮肤。对于需要化妆的人也很实用，可以在上面直接使用粉底和防晒霜，不用担心会"起泥"。没有一种保湿剂是最完美的，不同的配方能满足不同的需求。只要认真去选择，总有一款适合你。

@皮科大夫朱学骏 送给你的私信

　　表皮位于皮肤最外层，从外至内分为角质层、颗粒层、棘细胞层及基底层，基底层不断长出新细胞。表皮中没有血管，但生长最快，1.5～2个月更新一次。

3. 油性皮肤是否需要用护肤品

很多油性皮肤的人，深受出油的困扰，时刻都想把脸上的油去掉。每天会用洗面奶洗好几次脸，用控油的收缩水、控油的面膜，却很少用保湿霜。这是很错误的做法，油性皮肤同样需要保湿。

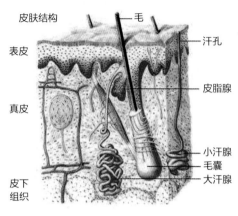

皮肤结构

首先要明白一个概念，控油与补水是丝毫不矛盾的。油主要由皮脂腺分泌，而水是皮肤角质层中保护屏障功能的重要组成部分。油性皮肤的人因为出油多，经常会有过度清洁的问题，另外控油的化妆品或多或少都会有使皮肤干燥的作用。如果是长痘痘的皮肤，又加上治痘痘药物的刺激性，皮肤经常会处于又出油又缺水的状态，表现为T区出油，两颊脱屑。皮肤长期处于这种缺水状态会变得敏感，以往使用的

@皮科大夫朱学骏 送给你的私信

角质层由一二十层死亡细胞交叉重叠。若久不洗澡，就可以搓出泥子（死皮）。若表皮更新太快，来不及完成角化，如银屑病表皮更新仅8～10天，就出现皮屑（角化不全）。

化妆品会感觉刺激，如果长痘痘，很多药物都不能耐受，那个时候就不仅仅是美观的问题了。

如果是油性皮肤，建议用温和的方法清洗面部，不要过多使用磨砂和碱性强的洗面奶、洁面皂，以免破坏皮肤的屏障。另外，选择一款质地清爽的保湿霜，坚持使用，特别是治疗痘痘正在用药的人，更需要保护皮肤屏障功能，以增加对药物的耐受性和疗效。

4. 保湿喷雾不能保湿是用的不对

很多职业女性会发现，办公室内开得足足的空调是皮肤干燥受伤的罪魁祸首。空调在带走寒冷或闷热的同时，也带走了室内的水分。在湿度很低的情况下，肌肤就像是长期开着的加湿器，在不知不觉中流失了大量的水分。所以喷雾式的化妆水、温泉水便大受欢迎。喷雾化妆水的好处，在于不破坏妆容，并可带来清凉湿润的感觉，即使在化过妆的肌肤上亦可使用，对于即刻补水有不凡的效果。但是很多人发现长期使用喷雾，皮肤干燥脆弱的现象并没有改善，似乎还有

屏障功能完好 　　　　　　　　　　　　　屏障功能障碍

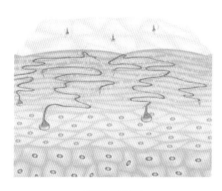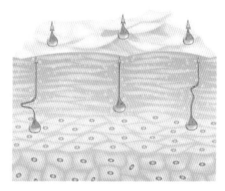

水分丢失减少 　　　　　　　　　　　　　水分丢失增多

屏障功能

加重。这是因为在干燥空气中喷上喷雾式矿泉水，水分蒸发的特别快，肌肤表面及内部的水分一同被干燥空气"抓"走，导致肌肤更干燥。若您认真阅读使用说明，便可以发现多数的喷雾矿泉水并不是以保湿为主要功效，而是以抗过敏、舒缓的作用见长。所以想用喷雾来拯救"饥渴"的皮肤并不是正确的选择，想要在干燥的室内为肌肤解渴，必须要在用喷雾的同时使用保湿霜为皮肤锁住水分，才能为肌肤带来持久的保湿效果。

5. 各种化妆水该怎么使用

　　最早期的化妆水，种类比较简单，主要是以清洁保湿为目的。随着化妆品行业的发展和人们需求的增加，开始出现不同的添加成分，功能也有所倾向，名称就更是花样繁多：收敛水、柔肤水、爽肤水、机能水、精华水等。

　　这些名称各异的化妆水，有两个主要的共同作用：一个是补水保湿。化妆水一般是在洗过脸之后使用，可以提高皮肤的水含量，再外用保湿面霜后，水就会被封锁在皮肤里，可以有持久的保湿效果，

比直接在面部用保湿霜效果要好。一个是二次清洁。即去除残留的清洁剂和彩妆等，同时调整皮肤的pH值。在用洗面奶洗过之后，可能会有残留的洗面奶、彩妆或者防晒霜等，另外有的地区水质硬度大，长期用硬水洗脸会对皮肤造成负担，化妆水可以起到深层清洁的作用。同时因为它的pH值是精密调整过的，用在皮肤表面可以中和因为洗涤或不适当使用护肤品所造成的酸碱失衡，使皮肤达到最好的状态。

化妆水的名称不同一方面是品牌不同，一方面是功效有侧重。购买的时候需要仔细分辨，最好能阅读说明并咨询美容顾问，充分了解其主要作用，选择最适合自己的一款才能发挥最大效果。

（1）爽肤水，有些爽肤水具有比较强的清洁和调整酸碱度的功能，比较适合经常化妆的人。这样的产品最好用化妆棉蘸取，在面部按一个方向涂擦，有时

候洗过脸还可以看到化妆棉上粘有脏东西呢。最好不要用手直接涂抹，因为手本身可能就不够清洁，另外，清洁下来的污物依旧在手上或脸上，达不到清洁目的。

（2）收敛水，添加有收缩毛孔、控油的成分，比较适合油性皮肤使用。需要注意的是，这一类化妆水可能会有酒精成分，皮肤敏感及过敏者需要小心。

（3）柔肤水，更多的是以保湿和软化角质为主，清洁的作用不强，可以用手直接在脸上涂抹。有些产品添加保湿成分质地比较厚，介于水与露之间，用在保湿霜之前效果很不错。

6. 在寒冷的冬天，保湿的功课一定要做足

冬天因为寒冷空气的湿度较低，暖气空调等取暖设备更加重了空气中水分的流失，而皮肤在冬季很少出汗，皮肤表面的脂膜缺少足够的水分来提供滋润，皮肤便一直处于一种干燥饥渴的状态。又加上不正确的皮肤护理，冬季皮肤干燥的问题显得尤为突出，由于干燥引发的皮肤疾病也不在少数。寒冷的冬季，人们喜欢蒸桑拿、泡温泉、做SPA，在热气腾腾的水雾中享受夏日的温暖。可是，很多人并不知道，冬季洗澡大有学问。

（1）冬天洗澡不要太勤。冬天洗

澡的次数不要太多，特别是对于年龄比较大的老人，因为皮脂腺的功能已经下降，过多的清洗使皮肤失去了皮脂膜的保护，会出现细小的裂隙，增加神经的敏感性，会产生瘙痒的感觉。如果不停的搔抓，又会加重皮肤屏障的破坏，造成越抓越痒、越痒越抓的恶性循环。

（2）洗澡的水温不要太高。其实一年四季洗澡的水温都不要太高，这是一个原则。在冬天，因为气候的原因，洗热水澡、烫澡会给人们带来身心愉悦的享受。需要注意的是，洗澡的时间不要太长，否则皮肤长时间浸泡在热水中，容易破坏皮脂膜，引起皮肤干燥，特别是老年人，若护理不当的话，会出现难以忍受的瘙痒。

（3）尽量用含有滋润成分的浴液。最好不要用香皂洗澡（因为香皂一般呈碱性，容易让皮肤表层的pH值失衡）。**洗完澡之后，一定要及时涂上护肤霜**。这是绝对不能省略的一步，甚至比洗澡本身都重要。

@皮科大夫朱学骏 送给你的私信

经过春夏的风吹日晒，到了秋冬季，皮肤该休整一下。首先做好皮肤保湿，冬季北方湿度低，气候干燥。洗澡每周以2-3次为宜，水温接近体温，不主张烫澡，不要搓澡。浴后外搽润体乳，尤其是外露部位如手足、面颈部。平时洗脸洗手后要注意外搽面乳及护手霜。对中老年人可以选用油性大些的。

皮肤基础护理之防晒篇

很多皮肤问题，都与日晒有关：色斑、皱纹、老化、松弛、红血丝。罪魁祸首就是阳光中的紫外线（UV），中波紫外线（UVB）会使皮肤晒伤，而长波紫外线（UVA）会引起皮肤的老化。紫外线对皮肤的伤害是累积的，也就是说，每接受一次没有防护的日光照射，就向衰老走近了一步。所以防晒一定要尽早。UVA在各个季节，各种天气都存在，因此从**防止光老化的角度来说，防晒没有季节性。**UVA可穿透玻璃进入室内，所以在室内和密闭的车内也是需要防晒的。

　　除了涂抹防晒霜，可以在阳光非常强烈的时候选择物理遮挡，比如戴遮阳帽、打遮阳伞、穿长袖长裤的衣服。除了面部，要注意颈部和手部的防晒。因为面颈部和手部都属于一年四季接受紫外线照射的部位，非常容易形成光老化，一定不要忽略。眼周和唇部的防晒也很重要，需要选择专用的防晒霜。

1. 防晒系数（SPF和PA）是什么意思，该如何选择

　　在所有的化妆品中，似乎只有防晒霜带着特有的标记，叫做防晒系数。购买防晒霜的时候，第一个注意到的就是系数是多少。相信很多人都有这样的疑惑：是不是防晒系数越高越好呢？先让我们一起来看看到底什么是防晒系数。

　　（1）SPF（sun protection factor），称为阳光保护系数。SPF是最早提出来的防晒系数，是针对UVB的防护系数。我们都知道，在没有任何防护的情况暴露于日光下，皮肤会被晒红，严重的时候会晒伤。引起这种伤害的主要是UVB。这里有一个最小红斑量（minimal erythema dosage）的概念，就是指皮肤被晒出红斑的最小UVB的量（MED1），皮肤擦防晒霜后，皮肤被晒出红斑的最小UVB

的量就会增加（MED2），SPF=MED2/MED1。也可以粗略理解为假设皮肤在没有任何防护的情况下，照射阳光20分钟后皮肤会有红斑，那涂抹SPF15的防晒产品后，要照射阳光20*15=300分钟后，才会有相同程度的红斑出现。

（2）PA（protection factor of UVA，又称PFA）是针对UVA的防护系数。人们逐渐发现阳光中的UVA虽然不会像UVB那样对皮肤造成晒伤反应，却可以不知不觉地使皮肤老化，出现色斑和皱纹，所以防护UVA同样重要。目前还没有具体指数，只分为＋、＋＋、＋＋＋三个等级，PA＋大约4个小时，PA＋＋大约8个小时，PA＋＋＋是超强防护。

实验表明，**防晒系数30的产品使用正确都可以对皮肤提供足够的保护**，所以我国在2005年的时候限制了对防晒产品SPF数值的表示，产品上不再允许标明SPF30以上的系数，SPF超过30的一律以SPF30＋来表示，避免对消费者的误导。

需要注意的是，防晒系数是在实验室中严格按照使用要求和厚度涂用而测得的。实际使用时，一般人很难把防晒霜涂到足够的厚度，又会因为出汗、擦脸等造成的损耗，如果不能及时补擦的话，就无法达到标注的数值所能提供的保护。防晒系数的高低，只是一个参考，并不能完全依赖于它。有人选择了一个防晒系数很高的产品，以为可以高枕无忧了，结果发现还是被晒黑了，然后认为是产品不好，实际上可能是因为没有涂用足够的厚度或者没有及时补擦，所以说**防晒霜的正确使用远远比系数更重要**。

2. 物理防晒霜比化学防晒霜更好更安全吗

防晒霜按照作用原理的不同，分为物理性防晒剂和化学性防晒剂。

（1）物理性防晒剂：本质上是用不透光物质做成的非常细的颗粒，可以反射或散射紫外线，使之不能进入肌肤，可广谱地防护UVA和UVB。主要有二氧化钛、氧化锌、滑石、氧化镁、碳酸钙和白陶土等。物理性防晒剂的优点是安全性好，不容易过敏，比较适合儿童和敏感型皮肤。缺点是比较厚重，涂在面部容易发白，比较不自然。

（2）化学性防晒剂：是紫外线的吸收剂，主要是化学合成的脂类。可以吸收紫外线，使其能量衰减掉，无法到达皮肤。化学性防晒的成份有很多，可以吸收UVB或UVA。常用成分对氨基苯甲酸盐（PABA）及其衍生物、肉桂酸酯类、水杨酸酯类、苯酮类、Mexoryl SX、Tinosorb等。化学防晒剂的优点是质地轻薄，透明感好，但有一定的刺激性。有的防晒霜有刺眼睛的感觉，主要是其中化学防晒剂的刺激作用。另外，有些人可能会对防晒霜过敏，主要是对化学防晒剂成分PABA过敏，PABA是很容易过敏的化学防晒剂，很多产品选择不再添加这个成分。

因为两种防晒剂各有优缺点，为了达到更好的防晒效果，化妆品大多数都是同时含有两种防晒剂，因配方不同而有不同的剂型，如霜、露、喷雾、蜡棒等。

现在多数防晒霜都是广谱的，即同时防护UVA和UVB，标注有SPF和PA值。为了使其中的防晒成分更好地与皮肤结合，发挥最好的防晒效果，防晒霜要提前20分钟使用。另外，防晒霜一定要及时补擦，如果是户外的大强度运动，最好能够每隔2～4个小时补一次。

3. 孩子需要防晒吗

小孩子皮肤修复能力强，晒黑了会较快地恢复，大人经常会认为他们不需要防晒，或者**认为防晒霜对皮肤不好而不给孩子涂。其实这是不对的。**紫外线对皮肤的伤害是从年幼开始逐渐累积的。有些人在老年时出现很多的色斑皱纹，都与年轻时晒得过多有关。这也是为什么户外工作的农民比室内工作者看起来苍老很多。小孩皮肤较嫩，如果日光浴时间过长则更容易出现晒伤反应，经常会发生带孩子去海边玩，没有任何防晒措施而把孩子晒伤的情况。轻者皮肤发红疼痒，重者会出水疱大疱，类似于烧伤的反应，疼痛难忍，孩子很痛苦。只要是正规品牌的防晒霜，都是经过实验室检测的，并不会对皮肤产生伤害，但是有的防晒霜确实可能比较刺激，应该注意不要揉到眼睛里。另外，市面上有很多品牌有儿童专用的防晒霜，配方更温和，包装和气味更吸引人，更适合儿童使用。

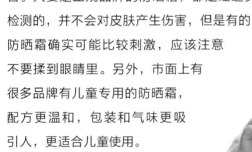

@皮肤大夫朱学骏 送给你的私信

阳光明媚，外出游玩应注意防晒，搽防晒霜。在三亚或在水面，高山，阳光炽烈处，需搽SPF30。除防中波紫外线（以SPF表示）外，还要防长波紫外线（以PA标示，一般++即可）。一般用SPF15的防晒霜，在出门前15分钟均匀涂于面颈部及上肢等暴露部位。若出汗多，则需补搽。

4. 隔离霜可以代替防晒霜使用吗

防晒霜与隔离霜并没有严格的定义，也没有严格的区别，只是在配方和功能上有所不同。一般来说，防晒霜的主要作用是为皮肤提供足够的防晒功能，防晒指数（SPF和PA）和剂型有足够多的选择。隔离霜的主要作用是为皮肤隔离一些外来因素的刺激，比如彩妆、脏空气，还有紫外线。多数的隔离霜都有一定的防晒成分，只是为了使其质地更清爽，舒适度更好，一般防晒系数都不高。

防晒霜和隔离霜选择哪一个，就完全看个人的需要。如果需要比较严格的防晒，就需要使用防晒霜，记得要按时补擦，才能免除日光的伤害。如果只是日常的防护，隔离霜的质地更有亲和力，是不错的选择。

5. 有防晒作用的BB霜和CC霜可以代替防晒霜吗

BB霜类似于一种具有遮瑕作用的粉底，被化妆品行业不断改良，演化成集合遮瑕、隔离、防晒、修颜、底妆等功能的单品。而CC霜可以认为是在此基础上的更新换代，宣称集合了BB霜的所有优点，又特别添加了美白成分、多效维生素C等，外在修饰、内在美白。正因为每样功能都略具一二，BB霜和CC霜在专业的细化领域：防晒比不过防晒

霜，遮瑕效果不敌粉底，隔离作用也显得模糊。至于其护肤功能，只能说是锦上添花，并不是一个独特的护肤品种。它们的优点在于其综合功能，所以尽管并不能用它代替防晒霜，却依然有其广阔的用途和市场。

6. 防晒霜可以涂在眼睛周围吗

　　相信很多有防晒习惯的人都会注意到，若将防晒霜涂到眼睛周围，或者不小心揉进眼睛，就会刺眼睛，特别是刚刚涂过防晒霜时，手上仍有，揉也不是，不揉也不是，很难受。防晒霜中会刺眼睛的成分多数是化学防晒剂，会对黏膜产生刺激，这也与个体的敏感性有关，同样的成分，有些人感觉强烈些，有些人并没有特殊的感觉。所以有些产品会注明，请避开眼睛周围使用。尽管如此，化学防晒剂有其独特的优势，比如防晒效果很好、质地轻薄、没有油腻感、不容易堵塞毛孔等，很受消费者青睐。但是眼周的皮肤也需要防晒怎么办？首先尽量去寻找一款对自己的眼睛皮肤没有刺激的防晒霜或者眼周专用防晒霜，如果皮肤很敏感的话，可以选择物理防晒霜，或者不在眼周皮肤使用防晒霜，而是选择遮阳镜，这样既可以保护眼周的皮肤，又可以保护眼睛免受紫外线的伤害！

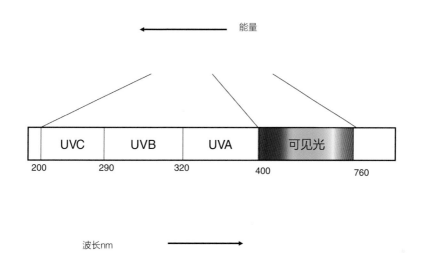

7. 室内要防晒吗

我们都知道，日光中的紫外线分为3种，长波紫外线（UVA），中波紫外线（UVB）和短波紫外线（UVC）。波长越长，穿透能力越强。在自然情况下，短波紫外线（UVC）还没有透过大气臭氧层就被滤过掉了，无法到达地球表面。中波和长波是我们需要防护的紫外线成分，UVB的能量比较强，会造成皮肤的晒伤反应，但是其穿透能力不强，一般阳光中的UVB可以被玻璃挡住。UVA的能量比较弱，长时间的照射会加快皮肤的老化，并与UVB有协同作用，但是UVA穿透能力较强。

开车的人都有经验，如果太阳很大的话，即使有玻璃的阻挡，胳膊还是被晒得火辣辣，甚至会晒红晒黑。这是因为长波紫外线能够穿过玻璃照到人身上，时间足够长的话，还能造成损伤，特别是在比较炎热的天气，可见光的热效应会加重紫外线的损伤。所以，尽管在室内比较安全，但是如果想在阳光充足的窗户前面享受日光浴，时间不能太长。

@皮科大夫朱学骏 送给你的私信

适当阳光照晒是健康所必需！理由之一是钙的吸收及代谢需要维生素D（V_D）。V_D主要来自皮肤，且需经日光（中波紫外线）照射后才转化成具有活性的V_{D_3}！皮肤外露部位每天约需10～15分钟日晒（夏天可短些，秋冬需长些）。日晒不足者需补充V_{D_3}，成年人每天需补400～1000单位，老年人户外活动少，更需补充V_{D_3}。

8. 油性肌肤不喜欢涂防晒霜怎么办

　　如果说干性皮肤的人最不喜欢冬天，因为一到冬天，本来就干的皮肤会变得更干；那么油性皮肤的人最不喜欢的就是夏天，因为一到夏天，本来就油的皮肤变得更油。脸上本来就出汗出油，还要擦防晒霜，脸上油光光的，这可怎么办？如果你不用防晒霜，那可不是明智的选择。现在的化妆品种类很丰富，多到几乎没有什么要求无法得到满足。只需要花些时间去挑选一种质地比较轻薄的防晒产品如防晒喷雾，便可以免去日晒的困扰。如果是室内工作，隔离霜基本上就可以满足要求，很多日霜和保湿霜都有防晒款，一样是不错的选择。另外对于平时还有化妆习惯的人，现在有很多彩妆都有防晒系数，涂一点粉饼或散粉，既可以吸油，又可以改善肤色，同时防晒，一举三得。

9. 防晒产品需要卸妆吗

防晒霜的种类繁多，针对不同的皮肤类型和不同的使用场合有不同的配方，对于油性皮肤的人，为了减少涂擦之后的油腻感，会选用比较清爽的轻薄质地。一般来说，普通的防晒霜和护肤品一样，不需要卸装和特殊的清洁，一般的洁面就可以去掉。对于旅游，去海边、去游泳，或者大量运动出汗很多的人，为了使防晒霜有更持久的防晒效果，同时减少补擦所带来的不便，则需要采用防水型的防晒霜。对于有防水性能的防晒霜，就需要用卸妆油来清洁。防水性能好的防晒霜用水和洗面奶甚至洁面皂根本无法洗掉，这个时候，卸妆油可以派上用场，轻轻松松就可以让牢牢粘在皮肤上的防晒霜败下阵来，恢复皮肤清爽的感觉。

10. 现在出现很多专门的眼周、唇部防晒，有必要吗

做好眼周和唇部防晒工作是必要的。因为眼周和唇部的皮肤也需要防晒。以前因为观念和工艺的问题，没有专用的眼部和唇部防晒用品，普通的防晒用品可能因为会刺激眼睛或者有味道而导致人们不会在眼周和唇部涂抹。专用的防晒用品配方选用最温和、刺激性小的，更重要的一点是经过试验检测，比较安全。

11. 在户外暴晒后如何给肌肤快速降温

第一时间冷敷。可以利用手边有的东西，如冰的矿泉水、牛奶瓶，在发红的皮肤部位冷敷。如果有平时常用的不过敏的冷敷面膜更好，如胶原贴面膜等，可以促进皮肤修复。但是冷敷时间不要太长，也不要温度太低，间断敷即可，否则血管收缩过久反而会因为温差而反射性扩张，久而久之甚至会造成血管调节紊乱，使敏感泛红进一步加重。有一些化妆品喷在脸上有清凉的感觉，如酒精，但只是一种降温错觉，因为酒精是通过挥发带走热量的，而且有可能刺激皮肤，更容易造成皮肤敏感，所以不建议使用。薄荷也是很常见的一种清凉剂，可以刺激神经末梢产生清凉的感觉，但薄荷外用可以扩张血管，对皮肤不利。

Part 2

常用的
生活美容小技巧

现在的年轻人生活在信息时代，有了皮肤问题，习惯上网看看怎么办，朋友圈里时不时有各种美容护肤的分享，很想去试试。一边享受着丰富网络资源的快捷便利，一边又心生烦恼，各种美容护理新技术、新名词、新的护肤品，看到眼花缭乱，买回家似乎又没有那么灵验，一不小心皮肤还出状况。其实美容护肤并不复杂，听皮肤科医生教你一些小知识，把自己变成美容小达人，再也不困扰。

皮肤护理小妙招

1. 长了"脂肪粒"，莫要怪眼霜

如果皮肤科医生说，医学上根本没有"脂肪粒"这个东西，你会不会很惊讶？这些小白粒粒都有自己的名字，只不过凑巧更容易长在眼睛周围罢了。绝大部分都跟使用眼霜没有一点关系，还是不要再去怪罪无辜的眼霜了。这些"脂肪粒"可能是粟丘疹、白头粉刺或者汗管瘤。粟丘疹可以自然成熟脱落，有时候可以用针挑除，粉刺也可以挤出。汗管瘤则需要电解或者激光，效果也很不错。如果你拿不准可以咨询一下皮肤科医生，这些问题都可以在医院得到满意的处理。

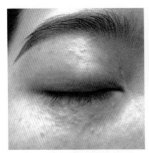  

汗管瘤电解治疗效果1　　汗管瘤电解治疗效果2　　汗管瘤电解治疗效果3

2. 化妆品真的会被细菌污染吗

这个还真的不是谣传。化妆品因为含有营养成分，的确存在细菌滋生的问题。一般情况下，化妆品中都有一定的防腐剂、抗氧化剂，可以保证在规定时间内、按正确的方法使用时不会出现变质和微生物污染的问题。但防腐剂是容易导致过敏的因素，为了减少过敏的概率，化妆品中尽量减少防腐剂的使用，所以敏感皮肤使用的护肤品通常都是管装或者配有挤压泵口，避免化妆品与手直接接触，减少污染的机会。化妆品过了保质期以后，就不要再使用了。

3. 有一些"快速祛斑"美白的方法可靠吗

很多人对于各种斑不能分辨，导致很容易相信各种"快速祛斑"美白的疗法，而误用了品质无保障的美白祛斑产品，或者使用了过激的激光治疗。雀斑、日光雀斑等激光治疗有很好的效果，可以说立竿见影，而黄褐斑则尽量不要选择所谓的"快速祛斑"治疗，因为如果激光选择不当或者参数不合理，反倒容易使斑加重。建议有祛斑或者美白需求的人，有可能的话请皮肤科医生看一下，医生会给出治疗建议，以帮助了解各种斑的性质。美白产品也尽量选择正规的大品牌。因为**脸上的斑种类繁多，而祛斑美白本身是一个长期的过程，至少需要2~3个月才能看到效果，需要有耐心**。防晒是非常重要的，如果不能严格防晒，所有的努力都将前功尽弃。

4. 自制面膜更天然更安全吗

很多人喜欢自己动手制作面膜，享受DIY带来的新奇和满足。自制的面膜最大的好处就是天然，一般多用水果、蔬菜，材料新鲜不添加一点防腐剂，不用担心给皮肤增加多余的负担。然而自制面膜效果并非一定比市售面膜好，还有一些问题需要注意。

（1）不要有过高的期望。因为原材料是没有经过任何加工提纯，大分子根本无法进入皮肤被吸收，另外有效的成分如维生素C可能也达不到有效浓度，很容易就氧化失效了。这些都是影响效果的主要因素。自制面膜最大的作用是补水，但要注意不要在脸上贴太长时间，因为水分蒸发会带走皮肤的水分，一般15分钟左右比较合适。

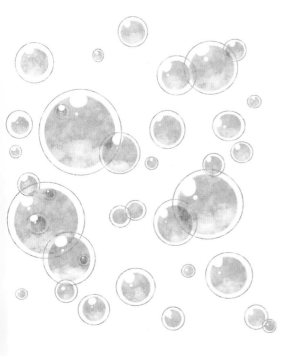

（2）要小心过敏。医院里经常会看到自己做面膜过敏的例子，有人对橄榄油过敏，有人对蜂蜜过敏，这两样东西都是面膜中常用的材料，所以不要以为吃的东西就是安全的，如果拿不准的话，最好先小范围试一下。

（3）注意保持材料新鲜。因为没有添加防腐剂，自制的材料容易腐败，即使放在冰箱里也不能保存很久，最好每次做当日用完的量，不要过夜。

（4）水果的选择要谨慎。有些水果具有颜色，容易沾染皮肤，长期使用会使肤色变得不好看。另外有些有特殊香味的水果，会增加皮肤对光的敏感性，不宜在白天使用。

5. 如何选择护肤产品

在大商场、超市，护肤产品琳琅满目，如何选择呢？品牌当然是一方面，好的品牌是经过了时间及消费者考验的。但不是贵的就是好的，最贵的不一定就是最适合的。选护肤品如同去商店选衣服，适合你的才是最好的。如果用在皮肤上，有水乳交融的感觉，十分舒适，则表明是合适的。因此，我们建议先买个小包装试试，若效果好再买大包装。此外，有一类护肤品只在药店出售，称为医学护肤品，更为安全和温和，适合皮肤敏感的人使用。另外应注意：在不同季节、身体不同部位需要用不同的护肤品。

6. 教你在家做一个保湿的SPA（淀粉浴、燕麦浴）

冬季很多人喜欢泡澡，尤其是老年人。可是有的人会越洗越痒，那是因为将皮肤的油脂和保护膜洗掉了而引起的干燥性瘙痒。如果试试在水中加入**淀粉或者燕麦**，就是一个非常好的保湿SPA，正常皮肤洗完不会很干，对有皮肤病的患者如特应性皮炎、湿疹、银屑病还有辅助治疗的作用。经济实惠还安全，不用担心过敏的问题。准备适量淀粉或燕麦粉，倒到浴缸或木桶里，使水呈米汤色，皮肤特别干燥的人可以多加点，让洗澡水呈牛奶色，泡15分钟左右就可以了。如果家里没浴缸，可以把淀粉稀释后全身擦洗。淀粉浴后，不需要再用清水冲洗。将皮肤擦干，趁着皮肤湿润的状态全身涂抹润肤霜，保持皮肤滋润。需要提醒注意的是，老人一个人在家最好不要泡澡，尤其是心肺功能不好的人，时间控制不好容易引起晕厥。

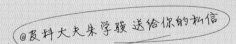

@皮肤大夫朱学骏 送给你的私信

女性到了绝经期，由于性激素水平下降，皮肤出油减少，面部皮肤就会失去光泽，显得干，容易出皱纹，此时，使用护肤产品，做好皮肤护理很重要。夏天注意防晒，冬天注意皮肤保湿。

7. 怎样拥有滋润的红唇

嘴唇干燥的原因很多，体内缺水和维生素、外界环境干燥、不良的生活习惯等都会造成嘴唇干燥脱皮。

从饮食上，注意多吃蔬菜水果，多饮水，也可适当补充维生素，改善因为营养和水分缺乏导致的口唇干裂。饮食尽量清淡，减少对唇部的刺激。冬季的冷空气和室内暖气导致室内湿度下降，使得脆弱的嘴唇很容易干裂脱皮，可以在室内使用加湿器改善室内空气湿度。此外还要做好以下几点，以保证唇部滋润：①养成良好的习惯，不要舔嘴唇。嘴唇天然带有一层保护层，过度的舔嘴唇会破坏保护层，导致嘴唇更干燥。②做好日常唇部护理：洗脸、三餐后记得涂抹润唇膏，为双唇添加一层保护膜，防止水分过快流失。注意选择含滋润补水成分（如金盏草、甘菊精华、蜂蜡、芦荟、茶树油、维生素E、鳄梨油等成分）的唇膏给双唇补水。③涂口红或唇彩前先涂润唇膏，既能避免涂口红造成的嘴唇干裂，又易于卸妆，还可使口红的颜色更漂亮。需要注意的是，有的人对唇膏或者唇彩的成分过敏，越用越重。这种时候需要及时停用，可以外用无色无味的白凡士林。如果已经发生唇炎，则需要药物治疗。

8. 巧用保鲜膜封包

皮肤是人体的天然屏障，保湿是护肤永恒的主题。皮肤屏障完整可以保持皮肤不受外界侵害并可以保持水分。如果皮肤本身屏障功能受损，我们可以考虑人为加强皮肤的屏障，帮助皮肤保湿，促进屏障功能的恢复。具体的做法是，在清洁皮肤、擦干后即刻在局部涂抹润肤霜，然后用保鲜膜封包，锁住水分。尤其是足跟干燥或者嘴唇干燥脱皮时，封包的局部皮肤可以在较长时间让你获得滋润光滑的皮肤。

另外，保鲜膜封包可以帮助药物的吸收。很多皮肤病在慢性期皮损一般较厚，外用药物很难吸收，也达不到应有的效果。此时可以考虑在外用药物后进行保鲜膜封包，以帮助药物的吸收。另外，含强效和超强效的激素制剂封包需要有专业医师的指导，以免造成不必要的副作用。

@皮科大夫朱学骏 送给你的私信

水是人类赖以生存的基本要素。地震后，只要有水，而且仅仅是水，人可以生存10余天。相反，没有水，几天都活不了。在炎热的沙漠中，没有水，人很快就脱水死亡。皮肤也是，缺水，皮肤就变干、开裂。有了适度的水，皮肤就润泽。

敏感皮肤并不是真正的皮肤过敏

1. 有一种"过敏"其实只是敏感而已

皮肤科医生经常会听到患者这样抱怨："大夫，我的脸太容易过敏了！什么化妆品都不能用。""大夫，我的脸上皮肤很薄，老是红红的，经常会痒，吃了抗过敏药没有用。"

您知道吗？这些患者中绝大部分都不是过敏，而是一种"敏感皮肤"，跟真正的过敏完全是两码事。

敏感指的是敏感性皮肤，通常觉得不能耐受涂抹在皮肤上的任何皮肤护理产品和化妆品，有皮肤发痒、发烫、刺痛、发红、脱皮和紧绷感，什么化妆品都不能用。一般症状很轻微。原因通常是皮肤的屏障功能受到损伤，比如频繁更换护肤品、过度的激光治疗或皮肤护理的方式不适当。待皮肤的屏障恢复后这些症状可以消失。之前的化妆品还可以再用。

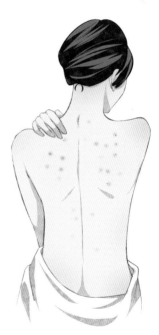

过敏是皮肤对某种特定的成分过敏，比如化妆品中的防腐剂、防晒剂、香料等，这些人群属于一种特殊体质，在人群中的比例是很低的。就像有的人吃坚果、海鲜会过敏，是无法改变的，只能避免接触。

2. 为什么皮肤会变成"敏感皮肤"

近年来，敏感皮肤的人越来越多，而且大多出现在面部。为什么呢？原因可能与过度清洗、使用化妆品不当、环境污染和不健康的生活方式等因素有关。我们都知道环保中"保持原生态"的重要性。面部皮肤富含神经、皮脂腺、汗腺，使皮肤保持润泽、细滑，生态环境处于十分细致调控之中，皮肤表面有一层天然的屏障，为人体提供保护。天天用碱性香皂或洗面奶洗，并涂以各种化妆品、色素、香料。这与我们在自然景观中破坏原生态、代之以人为的景观，本质相同。设想一下，如果一个化妆品中含有十种化学物质，那么一天将有多少化学物质会涂到了脸上。而且白天涂得越多，晚上就越需要清洁。其后果是将皮肤表面乳化膜移去了，从而破坏了皮肤的屏障。长此以往，会导致敏感皮肤的出现。

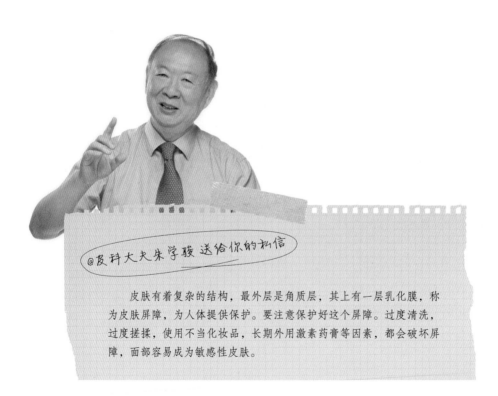

@皮科大夫朱学骏 送给你的私信

皮肤有着复杂的结构，最外层是角质层，其上有一层乳化膜，称为皮肤屏障，为人体提供保护。要注意保护好这个屏障。过度清洗，过度搓揉，使用不当化妆品，长期外用激素药膏等因素，都会破坏屏障，面部容易成为敏感性皮肤。

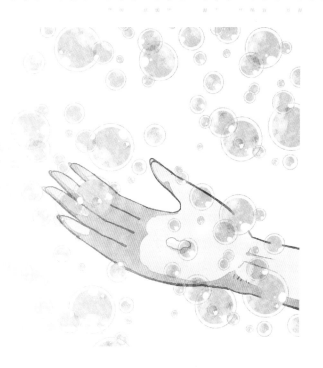

3. 有没有办法可以判断自己是否真正的过敏呢

　　真正的过敏可以通过过敏原测试来证实。过敏原的检测方法主要有3种。点刺试验，将含有食物、吸入物过敏原的液体小滴点在刺破表皮的皮肤表面，可以测试出食物和吸入物过敏原，通常可以用来找出过敏性鼻炎、哮喘、荨麻疹的原因。抽血也可以检测食物和呼吸道的过敏原。还可以将过敏原贴在后背做斑贴试验，用来找出染发、戴手表项链、化妆品过敏等接触性过敏的原因。如果你怀疑自己对一种化妆品过敏，可以将它带到医院来，医生可以帮你检测是否真正对它过敏。如果确实是阳性结果，则不能再使用这些产品。若只是一种刺激反应，那就提示你需要好好护理皮肤，等屏障恢复、炎症消退，这些产品还可以继续使用。

4. 出现了皮肤敏感怎么办，用了激素药膏会好些，又担心副作用

对敏感性皮肤，我们主张尽量不用或少用外用药物，丁酸氢化可的松一类的激素药膏虽然弱效，但是激素会加重皮肤屏障的破坏，以至于出现暂时有效、长期加重的结局。有的人会因为长期在面部使用激素药膏而出现面部皮肤发红、红血丝、皮肤萎缩等症状，叫做激素性皮炎。正确的方法应该是尽量减少清洗次数，停用所有的彩妆，改用温和的医学护肤品，如有面部发红症状可以冷敷或买个冷喷机对面部喷雾。**总之，越简单越好，让皮肤好好休息一下，恢复皮肤的原生态。**专业来讲叫做恢复皮肤的屏障功能。

@皮科大夫朱学骏 送给你的私信

敏感性皮肤：经常感到面部皮肤不耐受或较一般人更易产生反应，表现为对周围环境或局部因素增强的感知反应，如刺痛、灼热、发红、瘙痒等。冷喷或温毛巾湿敷后，使用具有舒敏、保湿作用的医学护肤品，以修复皮肤屏障。

温和又好用的护肤品
——医学护肤品或药妆

实际上，我国药政部门，既不使用、也不认可药妆和医学护肤品这两个词，是怕引起混淆和误解。因为化妆品中是不能有药物成分的，所以药与妆组合本身就听起来有点不合理。但是这一类护肤品确实有它的价值：更安全，更温和，不容易过敏。因此我们更倾向于采用医学护肤品这个名称，因为它的出现首先是针对敏感性皮肤者的需求。**对于越来越多的敏感性皮肤，在寻求医学帮助时，不主张用药物，也不主张继续使用化妆品，而是建议用医学护肤品。**

1. 听到药妆、医学等字眼有点怕，是含药物的护肤品吗，一般人可以使用吗

医学护肤品不同于一般的化妆品，但是并不是药物，也不含药物，可以理解为按照制药标准生产的化妆品。其配方更精简，更温和：①不含香料；②不含防腐剂，或使用不易致敏的防腐剂；③含刺激性小或较小量的表面活性剂；④生产过程要求更为严格，上市前经过一定的临床考察，证明其致敏性、刺激性非常小。医学护肤品适于敏感皮肤者使用。

2. 能推荐几个医学护肤品吗，在何处能买到呢

目前国内的医学护肤品已有不少，在药店、屈臣氏有售，通常需要医生推荐。有薇诺娜、玉泽、薇姿、修丽可、雅漾、理肤泉、丝塔芙、贝德玛及资生堂的药妆品等。大体有清痘、祛油、美白、保湿、护肤、清洁等几类。

脸上长斑了，该怎么办

　　脸上的斑斑点点是很多女性的心头大患，美容的头号敌人。脸上有了斑之后，自然先想到使用美白产品，可是满心欢喜买回来的东西，时间越长越失望，好像没有作用？是的，美白产品没有效果，有可能是因为脸上的斑无法用化妆品来祛除。色斑的种类很多，远不是一个"斑"字可以概括，对医生来说有些色斑是棘手的难题。所以很有必要把各种类型的色斑稍作解释，以便对号入座，治疗更有针对性。

1. 雀斑

　　雀斑是分布在鼻梁和鼻子两侧，米粒大小的褐色斑点。一般是有遗传倾向的，往往是自幼就有，青春期发育的时候比较明显。夏天太阳晒后

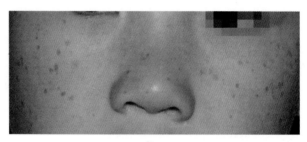

雀斑

颜色加深。雀斑首先要防晒，可以选用物理性防晒霜，有一定的遮盖作用，使得雀斑颜色不明显。如果雀斑的颜色比较淡，使用美白产品效果会比较好，但是很难完全祛除。目前最好的方法是用激光或光子嫩肤祛除雀斑，皮肤白的人效果比较好。做过激光的部位一般是不会再长出新的斑，但是仍然需要严格防晒，否则其他部位还会有新的雀斑产生。

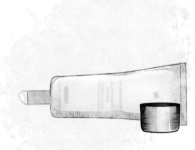

2. 黄褐斑

黄褐斑俗称"蝴蝶斑""妊娠斑"或"肝斑"。一般是在颧骨、鼻梁、额头或口周等部位淡黄色的斑，边缘不清楚。黄褐斑的出现多数与内分泌有关，尤其与女性的雌孕激素水平有关，因此月经不调、妊娠、服避孕药或肝功能不好以及慢性肾病都容易出现黄褐斑。此外日晒和精神因素也会使黄褐斑加重。

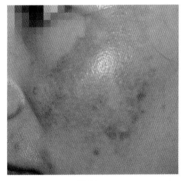

黄褐斑

　　因为发病原因复杂，黄褐斑治疗困难。因怀孕出现的黄褐斑，多数人可以在分娩以后逐渐消退。如果长期不退，需要进行治疗。黄褐斑的治疗要内外结合，防晒是必不可少的，局部使用美白祛斑类化妆品可以使色斑淡化。口服维生素C、维生素E等抗老化的药物会有帮助。黄褐斑的治疗需要有耐心，至少要两个月以上才能见到效果，不要心急。另外要注意的是很多激光对于黄褐斑的疗效都不好，有的会使之加重，所以一定咨询医生后再做治疗。

3. 老年斑

老年斑与日晒有很大的关系，是皮肤老化的表现。早期可以是比较小的褐色斑点，暴露部位最多，开始是平的，逐渐变大、变厚，时间长了会高起皮肤来，表面粗糙，就是老年人最常出现的老年疣，学名叫做脂溢性角化。有的时候老年斑长得很大很黑，但是仍然是个良性的皮疹，并不会恶变。不用过分担心，可以请皮肤科医生看一下。严格的防晒是预防老年斑最好的办法，从年轻的时候就开始防护。户外工作的人尤其要一年四季都用广谱防晒霜。如果已经出现老年斑，外用美白护肤品效果不太好，比较平的可以做激光，比较厚的还可以冷冻去除。

@皮科大夫朱学骏 送给你的私信

皮肤的色素主要由黑素细胞产生。黑素细胞位于表皮基底细胞层，约每8~10个基底细胞中有一个。产生的黑素小体通过细小分支分布到表皮细胞中，以保护机体免受紫外线的损伤，黑素也有一定抗感染作用。

青春的烦恼——痘痘

青春期是儿童发育到成人的过渡时期，始于青春发育时（女孩10～11岁，男孩要晚一些），一般止于20岁。**痘痘又称青春痘（学名痤疮）**，可以说是青春期的标志，大部分年轻人在青春期都会出现程度不等的青春痘。痤疮在青春期开始，持续时间可比青春期要长一些，有的人在30岁之前还会持续存在，时轻时重。痤疮主要与雄激素和皮脂腺有关，并不表示是内分泌的失调或异常。尤其在女性，会随生理周期而变化（如在经前加重）。**青春期痤疮治疗一般是轻者轻治，重者重治，达到最大限度地缓解，指望一个也不长是不切实际的。**

1. 有没有一种方法，能让我从此不长痘

每一个长痘的人都深有体会，恨不得满脸的痘痘能在一夜之间全部消失。看到冒出的痘痘，就想把它挤掉，结果呢？抠抠抓抓，痘痘不但没好反而变得更严重了，本来不红的粉刺发炎了，本来发炎的痘痘更肿了，时间长了脸上还都是红

色黑色的印。所以，长痘痘不要太焦急，要正确对待。处于青春期的年轻人大多都有长痤疮的经历，可以认为长痤疮是一个生理现象。过了青春期，一般到24～25岁痤疮大多可以自然消退。因此，对待痤疮，首先要有一个正确的心态，治疗只能使其**缓解**，并不能保证永远再不长新的。另外，要注意生活上的调整，避免那些可能诱发或加重痘痘的因素，如饮食上减少摄入高脂、甜食和辛辣的食物，精神紧张和熬夜。对于女性来说，往往月经前痘痘会增加，这个时期就更要注意避免上述因素。即使长了痘痘也要注意不用手去挤、抠，以免留下痘印或疤痕！如果痤疮比较严重，需要外用或者口服药物治疗。因为治疗痘痘的外用药物很多都有刺激性，口服药也有一些注意事项，建议在皮肤科医生指导下用药。

@皮科大夫朱学骏 送给你的私信

　　痤疮治疗。以粉刺为主外用维A酸如阿达帕林凝胶或维A酸软膏，以炎症为主时用消炎药如过氧苯甲酰凝胶或克林霉素溶液等；出油多应控油，用硫黄皂，外用硫黄搽剂等。皮肤娇嫩者用医学护肤品。严重者需内服药。请上北京大学第一医院网站http://www.bddyyy.com.cn，重点科室"皮肤科"，点击"科普知识"，痤疮节，可见详细解答。

2. 出油多、毛孔大怎么办

皮脂腺的分泌主要受雄激素的影响，男性由于雄激素水平高，出油普遍较女性多。如果出油很多，困扰到日常的工作和生活，可以考虑使用一些有控油作用的洗面奶和洁面皂；同时饮食上减少摄入高脂、甜食和辛辣的食物，避免精神紧张和熬夜，因为这些因素会促进出油。如果有"黑头"粉刺可以使用含有水杨酸的洁面产品洗脸，或外用含水杨酸的护肤品。严重的可外用维A酸类药膏，或采用果酸换肤。对于已经扩大的毛孔，通过外用的方法没有办法彻底改善，可以考虑进行点阵激光或多疗程的光子嫩肤，激活皮下胶原蛋白增生，新生的胶原纤维替代衰老的组织胶原，从而令毛孔收缩，皱纹减少，肌肤恢复弹性，健康而有光泽。

@皮科大夫朱学骏 送给你的私信

除手掌足跖外，皮脂腺分布全身。以面部、头皮、前胸及上背皮脂腺密度最高（达800个/cm²）。皮脂腺开口于毛囊，分泌的皮脂与汗腺排出的汗，加上表皮细胞产生的脂（含神经酰胺、胆固醇及游离脂肪酸）在皮肤表面形成一层乳化膜，使皮肤保持润泽。

3. 总是出油、长痘痘的皮肤可以用护肤品吗

痘痘皮肤也要用护肤品，而且更需要精心挑选。目前控油的产品很多，既有作为药物，也有作为医学护肤品的。建议先买一个小包装试用一下，看看效果如何。不是最贵的就是最好的，自己实际的体验最重要。但品牌是有参考价值的。一个好的品牌是多年品质、信用、效果、口碑等的积累。

4. 快40岁了，为什么还长痘痘

如果痘痘一直长到超过了35岁，叫做迟发性痤疮，也称作中年女性痤疮。有些人是年轻的时候并不长痘，30多岁以后才开始长，总是反反复复。近年来这种痤疮有增多的趋势，可能与生活不规律、压力大、运动少、睡眠不足、精神紧张、内分泌失调等因素有关。这种痘痘不同于青春期的痘痘，往往在月经前加重，多发生在口周围和下巴以及颈部。治疗也比较困难，最好请皮肤科医生来处理，要根据皮损性质、多少决定治疗用药。轻的可内服丹参酮、当归苦参丸，比较重的可以考虑服用避孕药类，如达英－35、优思明等，但不是所有的避孕药都可以，一定要在医生指导下用药。

@皮肤大夫朱学骏 送给你的私信

　　认为内分泌不正常是一个误区。其实，绝大多数痤疮者并无内分泌异常。只是青春期性激素分泌活跃导致一系列生理、心理变化。由于皮脂分泌增多，毛孔增大，毛囊内可以有寄生菌，如痤疮棒状杆菌、糠秕孢子菌、毛囊虫等，在显微镜下观察正常人的皮脂也可以发现这些菌，但并不意味着一定会致病，只有数量过多才有问题。

5. 许久不能消退的痘印和痘坑，还有办法吗

　　痘印通常是指痤疮好了以后留下的暗红色或褐色的印迹，和周围皮肤高度是一致的，只是颜色不同。大部分痘印（色素沉着或红色印记）一般都会慢慢消退。也可以用光子嫩肤、果酸换肤、离子透入来加快修复的过程，往往一个疗程即4个月左右可以有很好地改善。但是有些严重痘痘留下的痘坑，凹陷下去形成了瘢痕，很难自我修复。所以说瘢痕才是痤疮严重的后果，影响容貌，年轻人特别关注。这种情况必须用点阵激光来治疗，一般要治疗3～5次，每次间隔1～3个月。如果痘坑面积大或较深，采用填充术可以快速起效。这些方法费用都比较高，一般在痘痘治疗结束、不再长新的以后进行。

@皮科大夫朱学骏 送给你的私信

　　皮脂腺发育与分泌主要受雄激素支配。年轻人性激素活跃，皮脂腺分泌增多，要排出去毛孔就需增大。面中部皮脂腺最丰富，鼻尖及颊部毛孔最易扩大。若毛孔太小，油脂排不出，就成白头粉刺。若堆积在扩张毛囊口，就成黑头粉刺。用手挤、抠，容易发炎，成为毛囊炎。

玫瑰痤疮不是真正的痤疮

大家一定都对酒渣鼻这个名词不陌生，听起来很吓人，其实还有一个好听的名字，叫玫瑰痤疮。叫它痤疮是因为也长在面部，会有炎症性的痘痘。但是实际上跟普通的痘痘有很大的不同。一是玫瑰痤疮大多在中年发病，女性较多。二是通常发生在面中部、红斑炎症性的皮肤病。玫瑰痤疮从轻到重分为以下三期：

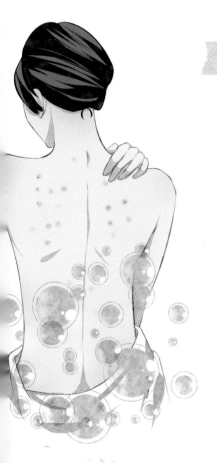

1. 红斑期

这一阶段患者面部容易一阵阵的发红，尤其在情绪激动、运动，或者吃辛辣刺激热食时容易出现，以后毛细血管持续扩张，面部出现多数红血丝。

2. 丘疹及脓疱期

这个时候患者面部在红斑基础上出现红疹子及小脓疱，很像痘痘的样子，但是没有粉刺，毛孔也会很粗大。

3. 鼻赘期

这个时候病程一般已很多年了，反复炎症的刺激使鼻部明显增大，表面凹凸不平。鼻赘期一般只见于男性。所以对于女性还是叫玫瑰痤疮比较好。

玫瑰痤疮是一个比较难治疗的病，容易复发。首先心态要好，尽量避免食用刺激性食物，如热饮、辛辣食物；避免特别激动、生气等。若经前期加重，可请妇科医生调理一下。如持续不能缓解，需要去皮肤科就诊，查一下是否为毛囊虫引起的，在医生指导下加用口服和外用的药物，如甲硝唑凝胶。平时需要注意皮肤护理，外用温和的医学护肤品。

恼人的面部红血丝怎么办

　　红血丝是皮肤浅层的毛细血管扩张，与皮肤敏感、有炎症刺激、护理不当、日晒有关。平时注意避免容易加重毛细血管扩张的原因：辛辣刺激性、过热的食物，含咖啡因的饮料，过冷、过热或干燥环境，紫外线照射，情绪激动等。有些化妆品含有一些有舒缓作用的成分，能在一定程度上预防和改善毛细血管扩张。如果要彻底祛除则必须通过医学美容的手段，如激光或光子嫩肤等治疗。

难看的妊娠纹有没有办法祛除

怀孕的时候，如果体重增长太多、肚子太大，真皮内弹力纤维等支撑结构会不堪重负发生断裂，表面上看起来就像撑裂了一样，出现妊娠纹。青春期如果身体长得很快，短期内体重骤然增加，皮肤内弹力纤维也会绷断，出现类似的纹路，有多种名称如：**生长纹、膨胀纹或者萎缩纹**。刚开始的时候是紫红色的，时间久了会变成白色。但是几乎没有可能完全恢复。妊娠纹的避免最好是在怀孕时适当控制体重，不要在短时间内长得太胖，使皮肤有一个适应的过程。但是仍然有些人因为体质的关系，容易出现妊娠纹。现在有一些新型的激光，可以促进真皮胶原和弹力纤维的再生，有很好的治疗效果。

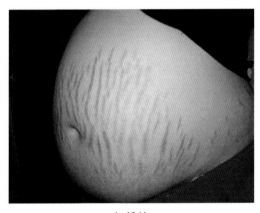

妊娠纹

新生宝宝的皮肤特点及护理

1. 新生儿皮肤特点

宝宝刚出生时全身皮肤都覆盖着一层油腻的东西，爸爸妈妈们可不要紧张。这是一层珍贵的保护膜，叫做胎脂。这层胎脂为新生儿从子宫内充满水的环境至逐渐适应出生后干燥有氧环境提供了重要的保护作用。由于新生儿皮肤没有发育完善，十分菲薄，第一次洗澡只需冲洗污秽物如血污、胎粪等，需要将胎脂完整的保留在皮肤表面，随以后皮肤的成熟逐渐干燥、自行脱落。

2. 新生儿皮肤清洁

　　宝宝的皮肤娇嫩，注意不要过度清洗。胎脂为新出生的婴儿提供了重要保护，不要一次洗净，应慢慢除去。平时清洗，非炎热季节以每周两次为宜。新生儿的皮肤尚没有发育完善，沐浴液要温和，略偏酸性为宜，用手轻揉，不要用毛巾或擦澡巾等。用软毛巾轻轻擦干后，全身用不含香料的婴儿润肤乳。在北方或者干燥季节，尽量少用沐浴露。

3. 新生儿痤疮

　　由于母亲血循环中的雄激素可通过脐带进入到新生儿体内。雄激素刺激皮脂腺产生皮脂，所以在新生儿刚出生时，身上有一层胎脂。在这些激素被完全代谢前，新生儿面部可出现黄白色丘疹、粉刺、粟丘疹，称为新生儿痤疮。数月后可自然消退，不必处理，外用婴儿护肤面乳即可。

4. 新生儿红斑

新生儿血管发育不完善，常在枕部、眼睑、眉间等出现红斑（为扩张毛细血管），常在几个月或几岁时消退。但后枕部红斑可能持续不退，常见于血管性胎记。新生儿血管舒缩功能差，热量易丢失，要注意保暖；在温度稍低的环境下皮肤上常会出现花纹（大理石样皮肤），温度升高时可消退。

5. 新生儿黄疸

新生儿黄疸是指出生28天内出现的黄疸。一般可在出生后2～3天出现黄疸，4～6天达到高峰，7～10天消退，为生理性黄疸。若生后24小时即出现黄疸且持续超过2周，或生后一周至数周才出现黄疸，为病理性黄疸，应去医院检查原因。最简单的治疗办法是将新生儿卧于光疗箱中，以蓝光（波长427～475纳米）照射全身。

6. 宝宝口水疹

小宝宝喜欢吃手，流口水厉害，嘴巴上经常出现一圈红疹。这是因为口水中有消化酶，流到皮肤可产生刺激。应经常擦净，保持局部干燥。若很严重，宝宝会有瘙痒烦躁，可在口周外搽凡士林或氧化锌膏，以保护口周皮肤。

7. 宝宝红屁股——尿布疹

要勤更换尿布，清洗局部后，外搽护臀霜或者氧化锌软膏等保护性药膏。

Part 3

医院使用的
医学美容技术

随着科技的进步，新型的美容技术得到了日新月异的发展，在20年前无法实现的美容梦想，如今已经不是问题。今天在不需要做手术的情况下，只用激光、光子等光电技术，结合玻尿酸、肉毒素注射和良好的护肤习惯，让你看起来比实际年龄年轻7～10岁完全可以做到。很多人对激光、注射等医疗美容手段不是很了解，担心有没有副作用、会不会破坏皮肤、会不会反弹、会不会加速衰老等。其实这些方法非常安全，副作用轻微，并且都是无创或者微创，效果更真实自然。不但不会造成皮肤的损伤，定期治疗还会促进皮肤的再生，是很好的嫩肤和保养的方式。

光子嫩肤和激光不可相互替代

1. 光子嫩肤美容技术

　　光子嫩肤（**IPL**）是最早的美容手段之一，属于强脉冲光，并不是激光。治疗过程有轻微疼痛，不需麻醉，治疗后不破溃结痂，不影响洗脸化妆，是入门级的美容技术，受到大家的青睐。光子嫩肤可以**无创性**解决色斑、红血丝、红色的痘印、浅表皱纹、毛孔粗大等。很多人担心皮肤敏感，做光子会让皮肤越来越薄。其实恰恰相反，光子嫩肤可能会有短暂的红斑、结薄痂，但很快就可以恢复。长远来讲可以降低皮肤敏感性，让皮肤耐受度更好，另外还会刺激胶原增生，使皮肤增厚。目前国际医疗界最先进的光子嫩肤技术叫DPL精准光，有效滤去杂散光谱，效果和安全性都更好。

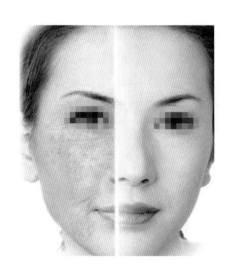

2. 激光美容技术

激光是单一波长的高能量光。不同波长激光可以被皮肤中不同颜色的色基吸收，产生不同的生物学效应。比如黑色的斑、黑色的毛发吸收光的能量后会产生机械爆破作用使之破坏分解，达到祛斑脱毛的目的。红色的血丝吸收特定的激光后血管会被加热凝固，慢慢吸收掉，红血丝就消失了。真皮中的水和胶原蛋白等吸收激光的能量会被加热，刺激胶原再生，达到嫩肤的效果。因此很多皮肤问题，比如深大皱纹、皮肤松弛、粗大的血丝等，光子无法解决，就需要依赖激光或者其他美容手段。

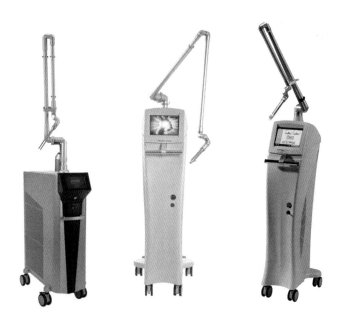

肤色均一才重要

　　不论肌肤是白皙的还是古铜色，只要肤色均一、质地光滑、光泽水润就是健康的皮肤。

　　皮肤上各种不同颜色的斑点很难分辨，美白祛斑产品可能并不可靠，不是所有斑点都可以激光治疗，有些甚至会加重。很多人认为陈醋、酱油等会让色斑加深，其实没有科学道理，无需特别在意。那么各色斑点都是什么，能不能去掉呢？去掉会留印留疤吗？会复发吗？下面就让我们一一解读吧。

1. 黑褐斑点巧识别

（1）黑褐色小斑点

　　黑痣全身都会有，学名色素痣，面部的美容需求较多。与遗传有关，多在青春期迅速的生长，一般在35岁之后停止生长。其实痣没有"母"的这一说，多大的痣也不会生小的，不要期望处理掉最大色素痣来解决所有的问题，如果想去掉，需要各个击破。一般直径小于2mm的色斑（有可能是黑子，俗称痦子）可考虑以激光祛除，而直径大于2mm，就要手术切除了。激光后局部会留小坑，半年后有可能会长平，也可能留下永久性的小坑，部分色素痣会复发，多次刺激还有恶变可能，所以激光点痣要慎重。手术切除治疗彻底，术后会留下一条细线。其实色素痣是人的标志，面部的一般是良性的，密切观察如果有突然变化再处理。如果色素痣位于容易摩擦的部位，尤其是手掌脚心，则可考虑手术切除。

年轻人也会有"老年斑"。如果认为老年斑是老年人的专利，年轻人不会长？那你可就错了。老年斑学名叫做日光性雀斑样痣，与日晒关系密切，和从出生开始接受的紫外线的累积量直接相关，如果防晒工作不到位，年轻人也一样会长，尤其是面部和手部。早期的老年斑是平的，很长时间后可以鼓起来。转化为老年疣就是脂溢性角化。老年斑冷冻或者激光祛除效果更好。当然越早期处理效果越好，损伤小，恢复快，需要治疗的次数也少。一般早期老年斑的一次治疗即可，术后需要恢复7天左右，而突起明显的快要发展成老年疣的需要治疗的次数较多，恢复周期也长。术后需要防晒，以免留下色素沉着，也为了避免紫外线对皮肤造成进一步的损伤。

雀斑，多和遗传有关，激光治疗效果很好。一般从小就有，随年龄逐渐增多，双侧面颊很多小的淡褐色斑，日晒加重。雀斑一般以药物治疗无效，以往也有用冷冻治疗，但损伤较大效果也不肯定，现在已不再使用。激光可以针对每个小斑点各个击破，效果立竿见影，往往一次治疗就能收到满意的效果。治疗过程可能轻微疼痛，可局部外敷麻药减轻疼痛。治疗后局部结痂，7～10天后自动脱痂。刚脱痂时局部发红，需要严格防晒以免留下色素沉着。日晒可以导致雀斑复发，即使防晒不到位导致雀斑再度出现也不必紧张，激光治疗依旧有效。光子嫩肤也可用于治疗雀斑，但是光子的作用较为微弱，针对性较弱，一般需要3～5次治疗才能到达祛除的效果，术后防护同样重要。

扁平疣是病毒感染引起的，年轻人多见，具有传染性，不经意搔抓或搓澡都会造成自体接种。当扁平疣遍布面颈部的时候，会严重影响美观。以往采用冷冻的方法治疗扁平疣，但是治疗过程痛苦，可能会留下色素沉着，还会影响美观。目前较为安全的方法有两种：一是外用角质剥脱剂（维A酸软膏），二是采用**光动力疗法（PDT）进行治疗**，一般需要治疗三次，10天左右治疗一次，治疗效果可能在整个疗程结束后才显现。如果扁平疣患者同时皮肤出油较多，毛孔粗大，还有痘痘，那么可以在治疗扁平疣的同时控油、祛痘、改善毛孔粗大、细化皮肤，一举多得。

20岁以后双颊或颧部突然出现一些散在的斑点，褐青色，叫颧部褐青色痣，激光治疗有效。因为色素位置较深，需要采用Q755nm激光或者是Q1064nm进行治疗，因为这些激光波长较长，穿透较深，正好可以震碎位于深层的色素。

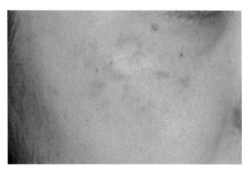

颧部褐青色痣

需要注意的是，每次激光后色素可能会加深，但不要担心，加深的色素会在3~6个月内淡化。所以，在色素恢复前不要急于治疗，一般一年治疗2次，可能需要5~10次才能祛除，切不可操之过急。术后一定严格防晒，否则容易前功尽弃。

@皮科大夫朱学骏 送给你的私信

　　科学护肤：要结合自身皮肤特点选择合适护肤品，一般护肤品及化妆品中含有香料及防腐剂。对过敏体质或敏感皮肤者，尤其是皮肤白皙的爱美人士，由于春天阳光充足，户外活动增加，在紫外线及汗液的作用下，可能发生过敏，面部发红、出疹、痒，建议换用含不易过敏，或不含香料、甚至不含防腐剂的医学护肤品。

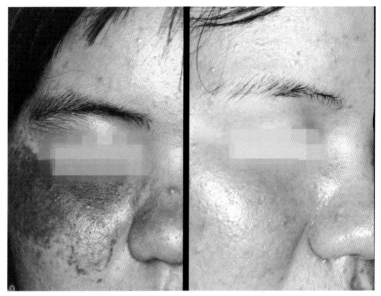

激光治疗太田痣

（2）大片的褐色斑

妊娠斑多表现为双颊对称的褐色斑片，医学上称为黄褐斑。有些人生完孩子会自然消退，有些人在哺乳期反而加重。这是因为孕期和哺乳期激素水平不稳定，加上很多人孕期不敢用任何护肤品，也不敢外搽防晒霜，导致黄褐斑出现或者加重。暴晒后黄褐斑很难恢复，所以孕期和哺乳期还是应该外搽防晒霜，在保证孩子安全的前提下做好防晒工作。

黄褐斑的激光治疗有争议，有几种低能量大光斑的温和激光可以用来治疗黄褐斑，但是只有部分患者有效。部分患者治疗后会有加重或者复发，需要慎重。目前安全有效的治疗方案是果酸换肤和维生素C的导入交替进行。对于不能严格防晒的人，夏季建议单纯进行维生素C导入。黄褐斑的治疗是一个长期的过程，一般需要至少10～20次以上才能看到比较理想的效果，所以切不可相信市面上的"快速除斑"。治疗后黄褐斑可能不能完全消失，但会明显减淡，所以建立正确的目标和十足的信心是很重要的。

黄褐斑还可以外用氢醌治疗，但需要在医生指导下使用。市面上非常火的美白针的主要成分是氨甲环酸、维生素C和还原性的谷胱甘肽，对于部分患者肤色发黄晦暗有一定改善，但是对于黄褐斑的疗效并不肯定。

咖啡斑可以尝试激光治疗。咖啡斑是一种淡褐色斑片，一般出生即有，是胎记的一种，药物或者冷冻治疗无效，若位于面部影响美观，不妨试试激光。但需要注意的是，激光治疗有效率仅有30%左右，所以在治疗前，咖啡斑先选择一小片相对隐蔽的地方进行治疗，如果效果明显再进行大面积的治疗。一次治疗很难达到效果，大约3个月一次，可能需要多次治疗，色斑逐渐减淡。

太田痣——面部单侧片状褐青色斑胎记。太田痣是一种胎记，多在生后出现，但是也可能在青春期甚至成年后才出现，一般单侧分布，颜色发青的斑片。最常见于眼周和同侧的额头、颞部、颧骨区和鼻部，所以又叫做眼-上腭部褐青色痣。太田痣用Q开关激光治疗效果最好，3~5次可以治愈。

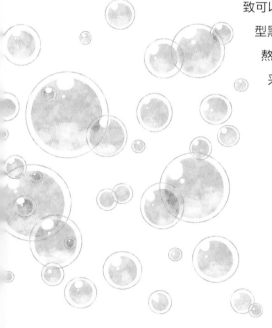

有一部分黑眼圈激光治疗有效。黑眼圈的原因大致可以分为色素型黑眼圈、血管型黑眼圈、混合型黑眼圈。除了加强日常护理，注意休息不要熬夜，色素型黑眼圈可以根据黑眼圈的颜色采用不同波长的强脉冲光进行治疗，将色素颗粒击碎，排出体外。如果是血管型的黑眼圈，可以用激光祛除封闭血管，改善局部颜色。光热作用可以改善眼周的血液循环，增加局部的代谢，从而将黑眼圈祛除。而有些类型的黑眼圈是因为局部皮肤太薄，不足以覆盖皮肤深层组织及血管的颜色，只有通过软组织填充让局部饱满，才能有效祛除黑眼圈。总之激光治疗黑眼圈效果并不肯定，需辨清原因后再做选择。

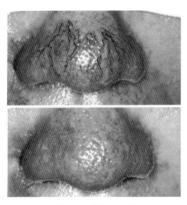

激光治疗红血丝

2. 红色印记学问多

激光可以祛除红血丝，拯救"高原红"。红血丝本质上就是毛细血管扩张，皮肤敏感、酒渣鼻、激素性皮炎、过冷过热刺激都会刺激血管扩张。在激光问世前，虽然原发病已经彻底治愈，留下的红血丝却是无尽的烦恼。光子嫩肤和激光可通过热效应封闭扩张的毛细血管，彻底祛除红血丝，给广大患者带来福音。治疗过程有些疼痛，敏感的人可以外敷麻药来缓解，每月治疗一次，可能需要多次治疗才能达到预期的效果，莫要着急。**红血丝容易复发，需要避免各种诱发因素**。想避免红血丝复发，要注意少食辛辣、刺激、过热的食物，含咖啡因的饮料，避免日晒、情绪激动等，积极治疗面部的皮肤病。做好皮肤的日常护理也很重要。

婴幼儿红色胎记莫着急，确定类型再决定治疗的方案。红色胎记基本可分为两大类，血管瘤和血管畸形。血管瘤多在出生后几个月出现，1岁以内生长最快，如果位置特殊应积极药物治疗，控制血管瘤的生长。若无法消退，可用脉冲染料激光治疗，每3～4周治疗一次，往往需要2～4次治疗甚至更多次，越扁平的血管瘤治疗效果越好。**血管瘤多可在10岁前自然消退，可密切观察择期处理。鲜红斑痣是一种血管畸形**，出生即有，多位于头面部，很多人会误认为是产伤，**越早治疗效果越好，治疗的次数也少**。一般4～8周治疗一次，需要4～15次甚至更多，每次治疗后皮损可以减淡10%左右。随着治疗次数的增加，皮损的颜色可能会进一步变浅，但有可能最终也不能完全消退。治疗时疼痛较为明显，儿童一般需要全麻，成人可使用表面麻醉，但是这样会引起局部血管的收缩，减弱疗效。治疗后需要即刻冰敷，减轻肿胀、疼痛，紫癜一般持续5-14天左右。随着技术发展，极少数出现短暂的色素异常或萎缩性瘢痕。此外，治疗效果还与皮损部位、面积和颜色有关。

　　中老年人身上红痣，在医学上叫做老年性血管瘤，是皮肤老化的表现之一。其实随着年龄的增长，很多人身上会出现红色的皮疹，刚开始针尖大小，随年龄逐渐增大，变成米粒大小的鲜红色小血管瘤，表面光滑，压之褪色。这个时候我们叫它樱桃状血管瘤，步入老年之后就叫做老年性血管瘤了。这种血管瘤不影响身体健康，也不会癌变，如果没有美容的需求，可以不做任何处理。如果觉得有碍美观，可以考虑用激光祛除。一般一次即可祛除，过程轻微疼痛，可敷麻药。不会复发但随着年龄的增长，皮肤会进一步老化，可能会出现新的。

痘印可作激光祛除。痘痘此起彼伏留下红色的痘印是不容易祛除的。刚开始往往是红色的，可以用激光或者光子嫩肤祛除红色的痘印。如果颜色发暗，可以考虑果酸换肤祛除痘印，安全有效。

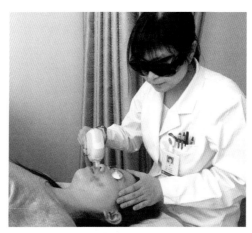

仲博士正在进行光子治疗

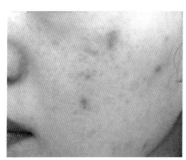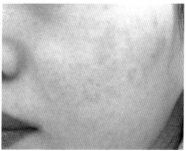

果酸换肤治疗痘印

3. 长在眼睑的黄色斑——睑黄疣

中老年人上眼睑出现的淡黄色皮疹一般为睑黄疣。部分患者与血脂过高有关，出现睑黄疣首先应该查血脂，如果血脂过高，请及时到内分泌科进行降脂治疗。有些患者在血脂控制后，皮损可以减小或者消失。但是，睑黄疣和血脂的高低并不完全相关，有些人血脂下降到正常范围后皮疹仍不消退，有些人本身血脂就不高，但皮疹仍持续不退。皮损的祛除方法包括肝素局部注射和激光治疗，一般均需要多次治疗。激光治疗有留下色素减退和瘢痕的风险，所以需要慎重，应由专业的皮肤科医生进行治疗。

4. 令人恐惧的皮肤白斑不都是白癜风

不是所有的皮肤发白都是白癜风。随着年龄的增长，**皮肤上会出现圆形的白点**，直径2～3mm，这也是皮肤老化的表现之一，与长白头发的原理是一样的，不是白癜风，也不会变得很大，对身体健康没有任何影响，不用治疗。有些色素减退斑是炎症后留下的色素减退，不像白癜风那么白，随着时间的推移会慢慢恢复，不必着急。有一些小孩子生后会出现一块白斑，可能是先天性无色素痣或贫血痣，是一种胎记，并不是很明显，随孩子发育会变大些，不会扩散，可请皮肤科医生看一下，不要焦虑。

白癜风颜色瓷白，与周围皮肤反差非常明显。另外有很多原因都会造成局部色素减退，一旦皮肤上出现颜色变淡，最好找专业的皮肤科医生确诊，以免造成不必要的紧张。**白癜风药物治疗效果有限，目前可以配合308准分子激光或者是窄波UVB进行照射，可提高治疗效果。**一般从小剂量开始，每周1～2次，照射20次后局部逐渐复色，是白癜风患者的福音。还可以采用吸疱移植术进行治疗，在患者腹部采用负压LED灯吸起一层表皮，移植到病变的部位，依靠正常表皮的黑素细胞帮助白癜风局部色素的恢复。

5. 五彩文身能否去掉

五彩的文身、文眉、唇线不想要了能去掉吗？以往都是用二氧化碳激光将文身整个烧掉，局部会留疤。目前激光可以选择性的作用于各种不同色素，将色素颗粒震碎，局部吸收后随血液循环排出体外。

文身能否祛除与很多因素有关：色素颜色、成份（是否含铁）、颗粒的大小及色素刺入的深浅。黑色、蓝黑色和绿色的文身激光治疗效果较好，而红色、白色等的文身因为含铁，在激光照射后可能会即刻变黑，变黑后文身对进一步的激光治疗并不敏感，从而影响文身的祛除。但总体来讲，激光祛除文身比较困难，可能需要数10次的治疗，有可能会导致色素减退和色素脱失，还有极少部分的患者可能会形成瘢痕。所以做文身要谨慎，不要给自己造成不必要的麻烦。

激光可有效改善皱纹和痘坑

点阵激光是一种新型模式，将发射出来的激光被分为多束细小的激光，作用于皮肤，造成网格状的损伤，而网格周围是正常皮肤，利于皮肤的恢复。**剥脱性点阵激光**，顾名思义是有损伤的点阵激光，治疗时表皮和真皮都会产生许多微小的损伤柱，随后皮肤自我修复，能够有效地改善皱纹以及痤疮后凹陷性疤痕。目前临床运用较多的有CO_2点阵激光（10 600nm）和Er点阵激光（2940nm）。激光后皮肤会出现网格一样的结痂。**非剥脱性的点阵激光**因为表皮完整不受损，真皮层也没有气化，而是适当的组织凝固，造成的损伤较小。此类激光的热刺激较为温和，激光术后不结痂。目前运用较多的非剥脱性激光主要是1550nm波长和1565nm波长。

激光的波长越长，穿透越深，损伤越重，恢复期越长，但效果也越好。治疗时有痛感，可提前外敷麻药。治疗后局部的潮红和肿胀可以在数小时内缓解。一般1550nm和2940nm的激光治疗7天左右恢复正常皮肤的状态，1个月可以进行一次治疗，一般至少3次有效。而10 600nm的二氧化碳点阵激光治疗后10～14天脱痂，在这3个月里会有持续性的改善，不必为了疗效而缩短治疗间隔。

对于较浅的皱纹和痤疮瘢痕，可以选择波长较短的激光，而对于较深的皱纹和痤疮瘢痕，点阵二氧化碳激光的效果可能更为理想。当然，想要除皱祛坑只靠激光是不行的，动态纹可以靠肉毒素注射解决，而深大的静态纹和痘坑如果效果不佳，也可以考虑玻尿酸填充。

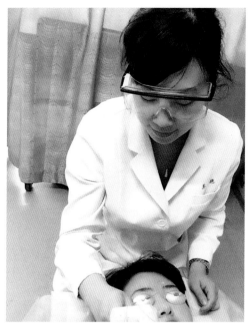

吴博士正在进行激光治疗

激光及强脉冲光设备

光电技术对抗松弛——无创紧致肌肤

岁月无情，单是皱纹并不可怕，可怕的是皮肤松弛、下垂，轮廓也随之改变，这与真皮胶原的流失密切相关。如何挽回流失的胶原，**保持面颈部皮肤紧致不松弛？下面我们来详细解读各种深层紧肤技术。**

1. 电波拉皮

电波拉皮本质上是一种射频技术，选择性的加热真皮和皮下组织，促进胶原的收缩与合成，还可收缩纤维隔膜重塑胶原，因而可以有效治疗皮肤松弛。胶原再生和重塑的过程可长达3~6个月，所以在治疗六个月后皮肤才达到最佳的状态。传统的电波拉皮技术一般需要连续数次才能达到较为满意的效果。

2. 光动力疗法的嫩肤控油效果好

光动力疗法（**PDT**）是指激光联合光敏剂，更精准的治疗皮肤病或者改善光老化的皮肤。治疗前将光敏剂外敷1~2小时，使光敏剂被需要治疗的靶组织吸收，然后选择合适的光源进行照射，选择性的作用于靶组织，从而导致嫩肤和治疗的目的。红光、蓝光、脉冲染料激光、KTP激光和强脉冲光都可以作为光动力的光源。

强脉冲光作为光源，可以引起胶原增生，真皮重建，被称为光动力嫩肤的过

程。推荐方案为每2～4周治疗一次，至少治疗3次，该治疗方案和单独使用IPL治疗5次的方案相当。也可选择红光，用于痤疮、扁平疣等的治疗。

3. 黄金微针

黄金微针区别于传统射频治疗，是利用微针针尖深入真皮直接发射射频，绝缘针杆设计，避免表皮过度刺激，能量直达真皮胶原，避免结痂、色沉等并发症，同时刺激和诱导胶原蛋白重组和再生。改变传统治疗的深度不确定、表皮损伤严重、能量传输衰减等问题，有效避免结痂及色沉等并发症。在此基础上透皮给药，例如左旋维生素C，能进一步促进肌肤的年轻化。

黄金微针治疗后，皮肤的褶皱处得到大量新生的胶原蛋白后褶皱会被抚平，同时皮肤组织会被拉紧，促使皮肤快速护肤到年轻健康的状态，从而达到除皱、收紧皮肤、延缓肌肤衰老的功效。黄金微针一次治疗即可见效，一周内面部出现明显改善。治疗过程舒适无痛，治疗轻松短暂。治疗后无任何副作用，可立即照常洗脸化妆，深受大家的欢迎。

4. 热玛吉——精准射频紧致肌肤

热玛吉（thermage）本质上是一种射频治疗仪。与传统电波拉皮相比，热玛吉利用专门的治疗探头将高能量的高频电波传导至真皮层，即刻收缩胶原造成立即性的皮肤紧实效果，并在接下来的6个月刺激胶原蛋白的持续产生，以达到长效性的皮肤拉提与紧致效果。热玛吉紧肤除皱仅需一次就可使松弛的皮肤收紧，整体皮肤光滑紧致，而普通除皱方式需要6～10次。其确切效果可维持1年以上，甚至3～5年。

治疗的时间要根据接受治疗的部位而定，整个疗程通常需要20分钟～2个小时。治疗过程疼痛，需要提前外敷麻药。在接受热玛吉治疗后，您可以立即恢复日常活动，正常工作。少数人可能出现局部的微红或肿胀的感觉，但这些轻微的不适大部分会在短时间内消失。

热玛吉安全，一般不会产生严重的副作用。但是仍要选择正规医院进行治疗，并注意术前、术后护理，以免造成人为的不良后果。

5. 超声刀——音波极致拉皮无创紧致深层肌肤

超声刀（ulthera）并不是刀，是一款高强度聚焦超声波治疗仪，之所以叫"刀"是因为超声刀可与拉皮手术相媲美，直接作用于皮肤深层，诱导胶原蛋白的再生，更精准，治疗更彻底，恢复肌肤弹力及改善皱纹。同时对表皮无任何损伤，是目前流行的无创紧肤术。热效应可为肌肤带来二重效应，第一重是皮肤胶原蛋白及SMAS层立即性的收缩，所以在治疗后立刻就可看到皮肤紧致；第二重是组织受热作用后胶原蛋白长期的新生重组，这个过程持续6个月左右，所以在治疗后半年达到最好的效果。超声刀治疗的过程舒适度较热玛吉高，且痛感与能量的大小有关，总体来讲，能量越强效果越好，痛感也会强一些。可提前外敷麻

激光设备

药。治疗一次效果就很好，大概能维持1~2年，治疗后注意保养的话，维持时间更长。只要肌肤有不同程度的松弛、下垂，都可以尝试超声刀。

黄金微针、热玛吉和超声刀都是更为先进的紧肤设备，与传统电波拉皮相比，可将能量精准的作用于真皮深层，促进胶原收缩，对皮肤松弛的改善效果显著。一般只需一次治疗就能到达理想的效果，疗效维持至少1年以上，甚至更长。

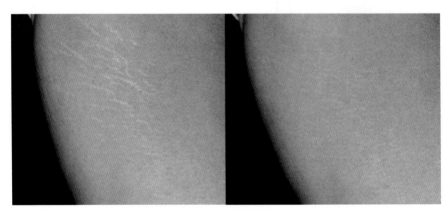

激光治疗膨胀纹

针尖上的艺术——皮肤微整形

微整形已成为热门的话题之一，以往需要动刀见血的美容项目，现在只需一根细针就能解决。周末微整一下，周一美美上班，不留痕迹，越来越为爱美人士所追捧。

1. 肉毒素——安全降级无毒无害

都说笑一笑十年少，但过多的笑容也会给人带来烦恼，那就是鱼尾纹。肉毒素的出现让岁月的痕迹不再无法抹去。也许很多人听到肉毒素会觉得害怕，担心自己会不会中毒。其实，我们美容用的常规剂量（约50个单位）仅仅是中毒剂量的1/20，非常安全。多年来，肉毒素注射一直占据世界美容技术榜首的位置，大家大可不必担心。

表情肌的运动是形成皱纹的重要原因，年轻时一动就有，不动就没有，称为**动态纹**，久而久之固定下来就形成了**静态纹**。肉毒素可以精准的给目标表情肌制动，动态纹消失，从而进一步阻止静态纹的产生。**至于打了肉毒素表情会不会很僵硬呢？**肉毒素确实会让表情减少，所以演员等需要做夸张表情的人尽量不注射肉毒素，但**对于多数人来讲，皱眉这样的表情并不需要，而大笑时鱼尾纹只会暴露年龄，所以，注射过肉毒素不是让表情僵硬，而是让大家在表达情感的基础上尽量不留岁月的痕迹。**

肉毒素注射时针头非常细，无需麻醉，痛感轻微，注射后洗脸化妆都不受影响，需要注意的是一天内不要揉搓注射部位。副作用轻微，例如头疼等，可在3～5

天内缓解。一般在注射后1～7天显效，7～14天达最佳效果，持续4～6个月。注射后不仅局部皱纹消失，局部的皮肤也会显得光亮，整个人精神倍增。

虽然肉毒素只有4～6个月的效果，但肉毒素失效后，局部皱纹也不会回到注射前的深度，不存在所谓的"反弹"和"恶化"。**更可喜的是，在这6个月内因为局部肌肉没有收缩，静态纹没有进一步的加深。**所以爱美人士可以放心进行治疗，可以定期注射使皮肤长期维持良好的状态，也可在有社交需求时提前1个月注射以达到良好的效果。

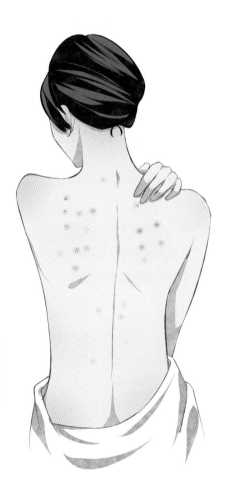

肉毒素可将动态的鱼尾纹、皱眉纹、抬头纹、木偶纹、口周的放射性皱纹等轻松祛除。另外，大家都知道用进废退，如果肌肉长期不活动就会萎缩，体积变小，所以肉毒素还可以用来**瘦脸**（肌肉肥大导致的才可以，如果是下颌骨结构导致，则需要外科手术）、**瘦腿**。此外，肉毒素可以使立毛肌收缩，达到**止汗、控油**的效果，例如注射在腋下或手掌解决**腋下或手部多汗**。还可以治疗各种原因导致的面部不对称、调整眉形等。有一部分人在大笑时**露出的上牙龈较多**，看起来有些不自然。现在只要将适量肉毒素注射在提上唇肌的位置，降低大笑时上唇提高的程度，就可以收到完美的效果。

2. 玻尿酸——局限性容积缺损的克星

玻尿酸学名叫做透明质酸，人类真皮中本来就有大量的透明质酸，婴儿最多，随着时间的推移，透明质酸逐渐减少。如果可以通过外源性补充，填充后皮肤即刻可恢复饱满光泽。透明质酸多由微生物发酵法生产，组织相容性非常好，无免疫性及排斥反应，不需要皮试，是近年来常用的填充剂。

透明质酸填充并不是永久性的，一般可以维持6～12个月。**注射后半年到一年，虽然局部的透明质酸会代谢掉一部分，但较注射前还是有所改善的。**所以，第二次注射所需透明质酸的量比首次明显减少。但是非永久也是有好处的，如果注射效果不满意，可以用透明质酸酶进行溶解，有补救的机会。而且，**透明质酸可以刺激注射局部胶原增生，多次注射以后可以达到半永久的效果。**

透明质酸根据交联程度不同可分为较软的和较硬的。根据不同需求注射在不同的部位，达到不同的美容效果。长期大笑、咀嚼可以让**法令纹（鼻唇沟部位）**加深，**苹果肌（颧骨前的脂肪组织）**随年龄增加会萎缩，还有的人颞部不够饱

医院使用的医学美容技术　*Part 3*

满，以及一些深的、无法用激光解决的痘坑和皱纹，可以透过填充较软的透明质酸来解决。以往**隆鼻、垫下巴**等都需要整形手术植入假体才能解决，现在只要选择质地较硬的透明质酸局部填充就可以达到美容的效果。而且注射填充美容简便快捷、创伤小、恢复快和感染率低，深受爱美人士的欢迎。

怀孕和哺乳期妇女、注射部位起包起痘、瘢痕体质、服用抗凝剂等，不适宜进行注射透明质酸，注射前请咨询专业的医生。治疗前应与医生充分沟通，了解治疗方式及效果。在注射前两周停用所有非甾体类抗炎药；对于复发性单纯疱疹患者，可以在注射前后三天服用抗病毒药物，来预防单纯疱疹的发作。

注射透明质酸后不影响洗脸化妆。为了避免注射物移位，注射后一周内不要按摩局部，不要做夸张的表情。因为透明质酸会吸水，注射后一周局部会有肿胀的感觉。注射时不可过度纠正，如果不足，需要在注射后1周进行矫正和调整，不要心急。注射后局部如果出现淤青，一般在1~2周内自行缓解。如果问题持续，请及时就医。**注射后2周应避免各种过度加热皮肤的光电治疗**，以免透明质酸分解导致持续时间缩短。需要特别注意的是，一定要选择专业的注射医生进行治疗，以免发生严重的并发症。

吴博士正在进行肉毒素注射治疗

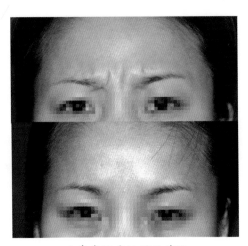

肉毒素治疗皱眉纹前后

神奇的水光针——皮肤深层补水美白

水光注射就是采用无痛多针注射方法把透明质酸直接补充到真皮浅层，起到深层补水，刺激胶原蛋白再生，增加皮肤弹性和光泽度的作用，主要用于缓解皮肤老化、干燥、肤色暗沉等问题。一般每月治疗一次，3次为一个疗程。之后可4～5个月治疗一次，巩固疗效。本治疗安全性好，术后无需休息，可以正常工作生活。

添加A型肉毒素的复方制剂还可以解决皮肤出油、毛孔粗大，或改善黄褐斑等色素性皮肤问题。

治疗前需外敷麻药1小时，洗净麻药后进行消毒，之后进行水光注射。注射后予修复贴进行修复。注射部位针眼多在几小时后变得不明显。部分皮肤干燥的人在注射后会有短暂的皮肤发干、紧绷的感觉，需要加强保湿产品的使用，一般1～5天可以缓解。少数人即刻会有不同程度的皮肤发红和小皮丘，多数会在1～3天内自行缓解，无需处理；极少数人会出现针眼部位的出血和出血点，多数会在3～5天内自行缓解，无需处理。若有症状持续不缓解或持续加重，请与医生联系，并在医生指导下进行相应处理或治疗。

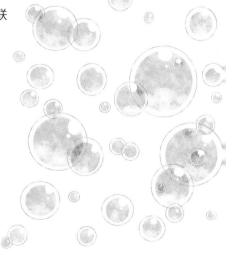

此外，水光注射还有以下几点注意事项：①为保证治疗效果，治疗后7天内保持良好的生活习惯（不抽烟、不饮酒、不熬夜）。②为达到最佳治疗效果，充分饮水（建议每日饮水量2500ml以上），使用配套护肤产品。③治疗后7天内或局部症状完全消退前，避免日光暴晒或极端寒冷环境，避免游泳、桑拿、治疗部位按摩。④治疗前、后两周内避免光电类治疗及注射填充剂治疗，以免影响治疗效果。

果酸换肤——全能的美容小能手

听到"换肤"这个词，很多人都会疑虑重重，甚至充满恐惧。果酸会烧坏皮肤吗？当然不会！其实果酸换肤是很安全的，通过果酸使皮肤可控性的去掉很薄的一层，并不会造成什么损伤。而且，东方人一般仅使用浅层换肤，损伤很小，安全性高。为什么果酸换肤是全能选手呢？那就让我们来深入了解一下果酸。

果酸换肤最常用的换肤剂是 α 羟酸（AHA），一方面果酸能可控性祛除多余的角质层，通畅拥堵的毛孔，促进皮肤新生，解决痘痘、痘印、细纹、皮肤粗糙、脱屑、暗沉、肤色不均匀、黑头、毛孔粗大、鱼鳞病、鸡皮肤等问题，另一方面，果酸有吸水的能力，还可渗入真皮，能促进皮肤天然保湿成分和胶原蛋白生成。因此低浓度的AHA产品是很好的保湿剂，高浓度（超过20%）的AHA可用于化学换肤。

　　在换肤前2周开始使用含低浓度果酸的护肤品，让皮肤处于一致的状态，更好的耐受果酸，可提高疗效和安全性。换肤过程一般持续3～5分钟，换肤过程中可能会有轻微刺痛或者瘙痒的感觉，一般可忍受，如果不能耐受随时都可以终止。换肤后会出现皮肤潮红，注意加强冷敷，以减轻不适感。3～7天后可能出现结痂或脱屑、整体皮肤感觉比较粗糙，大约一周的时间皮肤外观可以完全恢复正常，手感也会变得细腻光滑。换肤后不影响洗脸，注意冷敷、保湿和防晒，如有结痂，一定要让其自然脱落。

　　果酸换肤需要从低浓度做起，每2～4周进行一次，随着耐受度的增加，果酸的浓度提高，效果也更好。所以，连续的治疗很重要，间隔最长不能超过4

医院使用的医学美容技术 *Part 3*

周，否则又得从低浓度做起，影响效果。皮肤敏感的人担心自己无法耐受果酸，其实不然。随着治疗的进行，皮肤的厚度会增加，有很好的抗老化作用。

但是，果酸换肤有一定的禁忌人群，例如口周反复单纯疱疹者，所以，在换肤前应详细向皮肤科医生咨询。

活性维生素C美白，导入效果好

想要清透美白的肌肤，还停留在口服维生素C的阶段吗？那你可就落伍了，目前最有效的美白方法就是左旋维生素C直接导入皮肤，简称Vc导入。

左旋维生素C是维生素C的活性形式，但是由于其不够稳定，遇到水和空气都容易被氧化，因此借助导入仪器（超声、射频）可以使活性维生素C迅速到达真皮层，让皮肤的质地、光泽和紧实度得到更为迅速的改善。整个过程一般持续20分钟，非常舒适。

Vc导入不仅可用于炎症后色素沉着，对于黄褐斑也是安全有效的疗法，配合果酸换肤效果更佳。另外，对于肤色晦暗、皮肤粗糙等也有明显的改善。一般每周治疗一次，在治疗4～5次后开始出现效果，10次为一个疗程（黄褐斑的疗程可能更长），可以达到提亮肤色、淡化色斑的效果。此外，在激光术前后进行

Vc导入可以明显降低色素沉着的发生率，一般在激光术前一个月开始，术后持续进行3个月的维持。

目前市面上出售的左旋维生素C多是从酵母菌中萃取，不含光敏感成分，不会造成晒黑的现象，可以放心使用。另外，左旋的维生素C还能避免因紫外线造成的损伤。左旋维生素C进入皮肤后需要与水分结合才能发挥美白的作用，所以，配合补水面膜效果更佳。若使用过量或者吸收不完全，残留在角质层中的维生素C遇到空气可被氧化成淡黄色，如果出现此种情况也不要惊慌，调整用量，同时注意皮肤补水，泛黄现象就会得到改善。

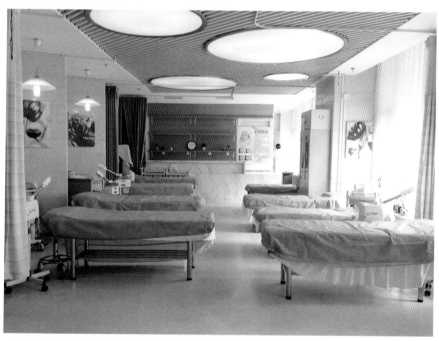

北大医院皮肤科美容治疗室

轻松拥有清爽肌肤——激光脱毛

激光脱毛不损伤表皮以及汗腺，不影响出汗，能永久祛除不理想的毛发，安全有效。 激光是选择性作用于黑色的毛干，破坏毛囊从而脱毛，所以**肤色越白，毛发越粗颜色越深，脱毛的效果越好。**

夏天来临，大家又迫不及待要脱毛了。但是，夏天并不是最适合脱毛的季节。首先，激光只对生长期毛发有效，按照毛发的生长周期，一般6～8周治疗一次，大约需5次，整个周期大概半年。对于唇毛等非常细软的毛发，可能需要10次以上。另外，脱毛前后应严格防晒，否则会影响疗效，局部也容易留下色素沉着。**所以建议从秋天开始脱毛，等来年夏天就可以拥有光滑的肌肤了。** 当然，有些隐私部位并不会受季节的影响。暴露部位只要做好防晒工作，夏天也是可以脱毛的。

腋毛、四肢、唇毛、发际线、络腮胡以及比基尼线都可以 根据需求祛除。但脱毛请仔细考虑，尤其是发际线和比基尼线，一旦脱掉毛发可就长不出来了。有连心眉者，眉间多余的毛发是可以进行脱毛治疗的，但不能应用于眉毛，否则容易造成虹膜损伤。

治疗前2个月不要拔毛或者使用蜜蜡脱毛， 否则缺乏靶组织会影响疗效，但是**剃刀剃毛不会影响效果。** 治疗过程中有疼痛的感觉，可耐受。脱毛后会出现局部红斑和肿胀，可立即用冰袋冷敷减轻不适，通常10～60分钟内这些反应会消失。目前采用的脱毛机不断完善冷却系统，脱毛的舒适度大大提高。治疗部位的毛发会在治疗后几周内脱落，不要把这种情况认为是毛发再生而着急。请耐心等待下一次治疗。对于肤色较深或者毛发颜色较浅者，可以采用其他不依赖色素的方法脱毛，比如射频脱毛。由于射频的热效应可以嫩肤，一举两得。

激光术前后注意事项

任何激光治疗前，面部的化妆品都应仔细去除，否则残留的化妆品可能会散射或者吸收激光能量，引起表皮热损伤。很多激光都是色素相关性的，**肤色越白的人，激光治疗的效果就越好，也不容易留下色素沉着**。人的表皮更替时间是28天，所以在激光治疗前至少提前一个月进行Vc导入等进行美白，同时注意严格防晒，对激光治疗有很大的帮助。

一些美容技术因不损伤表皮，术后无需特殊护理，洗脸化妆均不受影响，比如射频、超声刀等。术后可能出现轻度的脱屑和干燥，注意保湿。除非出现明显的红斑或水疱，对防晒

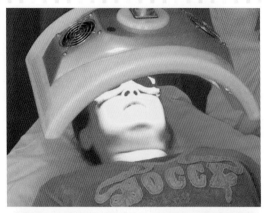
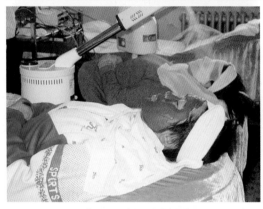

可以在医院进行的皮肤护理

的要求并不高。但是，考虑到光老化可引起皮肤皱纹和松弛，所以做好防晒工作还是很必要的。

　　一些美容术后皮肤是不会破损的，比如光子嫩肤、非剥脱的激光、光动力技术、果酸换肤等。最常见的反应是面部灼热、潮红、刺痛。术后注意坚持冷喷、冷敷，直至上述症状完全消失。万一出现持久的红斑或者水疱，可局部外用糖皮质激素和抗生素软膏。还有可能结痂脱屑，注意保湿。术后注意严格防晒，以免留下色素沉着。

　　二氧化碳激光或者点阵激光对皮肤的损伤较重，痛感明显，术前需要外敷麻药，术后需要保护创面，直至结痂脱落。

各种美容术各有千秋，联合治疗效果好

　　每种美容术都各有千秋，没有一种美容手段能解决所有的问题。要想拥有完美肌肤，需要强强联合，优势互补，才能拥有完美的肌肤。

　　例如除皱，肉毒素能解决的是动态纹，那些已经形成的皱纹和痕迹，较浅的可以采用激光，深大的皱纹可以考虑用玻尿酸填充。幸运的是，激光并不会使肉毒素失效，玻尿酸和肉毒素也不会相互干扰，三者联合抗衰老，对抗动静态皱纹，堪称完美。当然有些情况并不适合注射肉毒素，例如年龄过大或皮肤过度松弛。再比如，果酸换肤虽然作用微弱，但在激光术前一周进行果酸换肤，可以让激光达到更好的效果。不论如何，需要注意的是，美丽的容颜需要持久的投资，不要期待美容可以一劳永逸。所以，选择一家正规医院，根据自己的实际情况制订合理的美容方案，一步步解决自己的肌肤问题才是正确的选择。

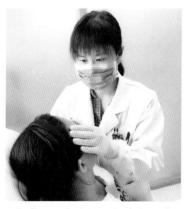

仲博士正在进行注射填充治疗

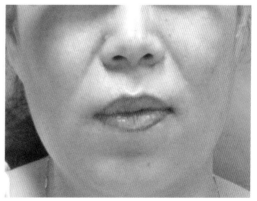

玻尿酸治疗鼻唇沟前后

Part 4

专家亲自讲解

常见的皮肤问题

皮肤病比较常见，几乎每个人一生中或多或少都有过皮肤病的经历，是过敏、长痘痘、被叮咬了、头屑多，还是脚气、湿疹？因为皮肤病外用药比较多，也比较容易直接从药店购得，所以很多人觉得皮肤病不是大事，抹点药就可以。殊不知皮肤病种类繁多，其中大有学问。诊断错误，用错了药，不但耽误了病情，还可能引起副作用。同样的药，用的方法不对，也可能达不到理想的效果。

　　以下内容是在作者的微博中咨询频率最高的问题，希望对您有所帮助。

如何正确使用外用药

　　使用外用药前，务必先看一下包装，是否有国家权威部门批准的文号，"国药准字"。并注意包装上标明的药物成份。凡没有国家权威部门的批准文号，凡不列出成份的药物，应该拒绝使用。同时还应看一下药物的有效期。

　　外用软膏或乳膏类药物时，首先将药物挤在手指尖上，薄薄一层涂在皮损上后，再尽量多揉几下。对手掌、足跖的皮损，建议每晚先用温水浸泡10分钟，外用药后，外包保鲜膜过夜，以促进药物进入皮损内。这个原则同样适用于慢性肥厚的皮肤损害。而对于发生在婴幼儿及皮肤褶皱部位的皮损，一般情况下，应注意使用低浓度、弱作用的外用药，以免对皮肤造成刺激。

　　皮炎湿疹类皮肤病，经治疗皮疹基本消退后，应每周继续外用两次，以巩固疗效。立即停药，容易复发。

如何把握好激素这把"双刃剑"

皮肤科所说的激素一般是指糖皮质激素。对激素药膏的外用，有两种倾向，一是恐惧，担心激素的不良反应，不敢用；二是滥用，甚至将激素当成护肤品长期使用。糖皮质激素外用在皮肤科应用很广，是治疗皮炎湿疹类等许多皮肤疾病不可缺少的外用药。**但激素是把双刃剑，既有很好的治疗作用，使用不当也会造成不良反应。关键是如何正确应用。**

在我国，外用激素有数十种，按作用强度，有弱、中、强、超强之分。应该针对不同皮肤病，不同部位选用不同的激素，合理使用。所有外用激素，连续外用不要超过两周。强效及超强效的不宜用于儿童，也不宜用于面部及褶皱部位。丁酸氢化可的松（尤卓尔）软膏及地奈德软膏属于弱至中效激素，适用于面部及儿童外用。

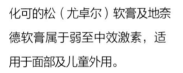

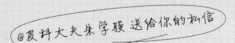

本人微博目的是普及皮肤保健及常见皮肤病防治知识。网上咨询，务必注明性别、年龄及病期、有何不适等信息。咨询意见不能替代面对面的诊病，仅供参考用。每天收到不少问题，不可能——作答。上北京大学第一医院网站http://t.cn/hIaOg，重点科室"皮肤科"，点击"科普知识"，多数问题有详细解答。

常用外用糖皮质激素的作用强度、药物名称和制剂浓度

作用强度	药物名称	常用浓度（%）
弱效	醋酸氢化可的松	0.5~1.0
	醋酸甲泼尼龙	0.25
中效	醋酸泼尼松龙	0.5
	醋酸地塞米松（皮炎平）	0.075
	地奈德（力言卓）	0.05
	丁酸氯倍他松	0.05
	曲安奈德（曲安西龙）	0.025~0.1
	丁酸氢化可的松（尤卓尔）	0.1
	醋酸氟氢可的松	0.25
	氟轻松（肤轻松）	0.01
强效	二丙酸倍氯米松	0.025
	糠酸莫米松（艾洛松）	0.1
	氟轻松（肤轻松）	0.025~0.05
	哈西奈德	0.025
	二丙酸倍他米松	0.05
最强效	丙酸氯倍他索（恩肤霜，氯倍他索）	0.025~0.05
	哈西奈德（哈西奈德，乐肤液）	0.1
	卤米松（澳能，适确得）	0.05
	双醋二氟松（索康）	0.05

妊娠期及哺乳期的用药分类

内服药物对胎儿危害的分类标准：美国药物和食品管理局于1979年，根据动物实验和临床实践经验及对胎儿的不良影响，将药物分为A、B、C、D、X五类。

A类：动物实验和临床观察未见对胎儿有损害，是最安全的一类。

B类：动物实验显示对胎仔有危害，但临床研究未能证实或动物实验未发现有致畸作用，但无临床验证资料。属此类的药物有氯雷他定、西替利嗪。

C类：仅在动物实验证实对胎仔有致畸或杀胚胎的作用，但在人类缺乏研究资料证实。

D类：临床有一定资料表明对胎儿有危害，但治疗孕妇疾病的疗效肯定，又无代替之药物，其效益明显超过其危害时，再考虑应用。

X类：证实对胎儿有危害，为妊娠期禁用的药物。

哺乳期内服药，也要慎重。因为有些药物可以存在于乳液中，需要考虑药物对婴儿的影响。

关于外用药，由于药物很难通过完整皮肤，因此经皮肤吸收量是很小的。一般情况下，小面积局部外用是可以的。事实上，妊娠期皮疹并不少见，有的瘙痒难忍，为了腹中宝宝，不敢用药，其实大可不必。外用止痒药，如炉甘石洗剂，小面积外用含激素的药膏是可以的。至于哺乳期，外用药更无妨。只是注意不要让药物接触到婴儿。

忌口有讲究

关于忌口，有的说法有点过了。得了过敏性皮肤病，就不分青红皂白，一长串的忌口，葱，蒜，牛羊肉，鸡蛋，牛奶，海鲜，辛辣食品……都不让吃。

我不主张什么"发物"都不吃。特别是小孩，正在长身体，需要充分的营养。什么都不让吃，怎么长身体呢？对于老年人，本来吃得就少，再一忌口，营养跟不上，更易得病。本人主张：除非有明显遗传史，如父母对某食物或药物过敏，此时应忌相应食物或药物，否则采取"吃一堑、长一智"的方法。对可能的"发物"，先小量吃一些，几天后没有反应，再吃另一种，这样逐个试。试验过程中注意：①在皮肤病的急性期不能试；②已知过敏的不试；③同时不能服抗过敏药，如氯苯那敏、氯雷他定、西替利嗪或糖皮质激素等，应停药数天后试；④一个一个试，不要同时吃几种"发物"；⑤同时不饮酒。

@皮科大夫朱学骏 送给你的私信

要拥有好的肌肤，首先要有健康的体魄。我的养生之道是"乐观、豁达的心态，规律、健康的生活，丰富、平衡的饮食及适度、经常的运动"。

皮肤病忌抓、忌抠

痒是一种令人产生搔抓欲望的感觉。不少皮肤病如皮炎湿疹、荨麻疹、虫咬皮炎、疥疮，甚至老年人因为皮肤干燥，都会引起瘙痒，搔抓则是人的本能反应。得过皮肤病的人大多有这样的感受：挠痒痒是十分舒适的，能产生一种莫名的欣快感。但一放手，更痒的一波接踵而至。往往是越抓越痒，越痒越抓，最后抓到皮开肉绽，产生了痛感才住手。反复搔抓的结果是皮损逐渐变厚，更加顽固难治。

我常常告诫患者，得了皮肤病尽量勿抓！宁可用手拍打皮肤，使其疼痛，也不要抓破皮肤。也可用梅花针（七星针），轻轻敲打患处，使产生轻度的痛感而止痒！

哪些药能止痒

口服止痒药：对于皮炎湿疹类皮肤病，主要服用老一代的抗组胺药，如马来酸氯苯那敏（扑尔敏）、苯海拉明、去氯羟嗪、赛庚定、羟嗪（安他乐）等。服法为一天三次，每次一片。这类药都有嗜睡的副作用，因此，服药后不能开车、不能从事高空作业及精细操作！更适合在睡前服用。对荨麻疹类皮肤病，服用新一代抗组胺药，如氯雷他定、西替利嗪、咪唑斯叮、依巴斯汀等。这一类药一般每天只需服药一次，每次一片。而且，一般没有嗜睡的副作用。用于治疗儿童荨麻疹有两个糖浆制剂：氯雷他定（开瑞坦）糖浆、西替利嗪（仙特敏）糖浆。

外用药主要有两类，一类是糖皮质激素制剂，如糠酸莫米松软膏、皮炎平软膏等，另一类为非激素类，主要有①黑豆馏油软膏、糠馏油软膏、鱼石脂软膏等；②氧化锌软膏或糊膏；③含樟脑、薄荷的制剂，如复方樟脑软膏、复方薄荷脑软膏；④中药制剂，如冰黄肤乐膏，黄连膏等；⑤色甘酸钠膏；⑥非类固醇抗炎药，如氟芬那酸丁酯软膏（布特膏）；⑦炉甘石洗剂；⑧其他。其中有些药的止痒效果并不确切。

特应性皮炎及婴儿湿疹

放开二孩政策后，我国将迎来一个生育高峰。特应性皮炎较常见，常在生后不久犯病。婴儿时皮疹以面部为主，常称为婴儿湿疹；到儿童时皮疹以肘及膝弯为主，俗称"四弯风"。本病有一定遗传性，父母亲往往有一方为过敏体质或特应性体质。特应性包括了一组病：特应性皮炎、荨麻疹、过敏性鼻炎、过敏性哮喘。

治疗上比较费劲。可以短期外用尤卓尔软膏或地奈德软膏。口服西替利嗪或氯雷他定糖浆。面部皮疹可用他克莫司（普特彼）或匹美莫司（爱宁达）软膏。身上的皮疹，在润肤前提下，可外用激素药膏或黑豆馏油膏，应准备以上几种交替使用。好了后，仍应每周用药2～3次，以巩固疗效。

日常生活中，有几点建议：①穿棉质内衣；②家中不养宠物；③家中不用地毯；④家中不养花；⑤不要捂得太热；⑥不吃海鲜、坚果，如花生、开心果等；⑦痒时尽量避免剧烈搔抓；⑧洗澡后外搽护肤霜，保持皮肤润泽。

特应性皮炎患者的皮肤往往较干，皮肤的屏障功能受到损害，使外界刺激物容易通过皮肤进入人体，造成皮炎。加强皮肤护理、保湿，**保护好皮肤屏障十分重要。**水疗、外涂润肤剂可以有效地纠正皮肤干燥！

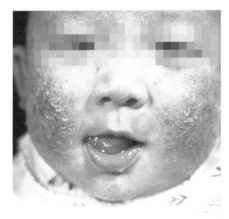
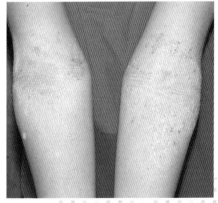

皮炎与湿疹是一回事吗

湿疹与皮炎这两个病名常常是通用的。湿疹，顾名思义是"湿"的，容易有渗出。当皮疹无渗出，干的，常称为皮炎。有时皮疹在急性期，有渗出，称湿疹。到了慢性期，皮疹变厚，不再渗出，则称为皮炎。

湿疹皮炎是机体对内外各类刺激的一种过敏反应。病程慢性，常反复发作。

湿疹治疗的一般原则： 首先是找病因！凡事总是事出有因，有因才有果。治疗的困难在于原因不好找，虽有不少检测手段，但能查的过敏原只是沧海一粟。对顽固湿疹者的办法之一是记日记，详细记录下每次发作前吃的、接触的，从中分析，并找出可能的原因。俗话说，久病成良医，我认为对某些慢性病如湿疹、荨麻疹，治疗最好的助手应该是自己，只有本人才最了解自己，才最有可能找出病因，并避免之。不要过度依赖药物及化验，也不主张大把大把的服药，古人云："三分靠药，七分靠养"，就有这个含义。**人体有很强的自身修复能力，要注意保护、调动，而不要去压制这种能力。！**

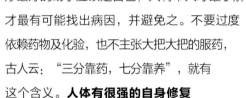

@皮科大夫朱学骏 送给你的私信

日光性皮炎是指在外露部位，如面颈部、前臂等在日光照晒后，出现红斑、皮疹，痒。注意避免强烈日晒，搽防晒霜。饮食方面：一不要食用具有光敏作用的菜，如芹菜、香菜、香椿、茴香等；二不要吃野菜；三不服用具有光敏作用的药物。

最常见的皮肤过敏——荨麻疹

荨麻疹俗称"风疹块"，是一个常见的过敏性皮肤病。基本病变是风团或水肿性的红斑，自觉痒。特点是皮疹来得快，消失也快，几个小时就可以消失得无影无踪。有急性及慢性之分，超过六周的为慢性荨麻疹。

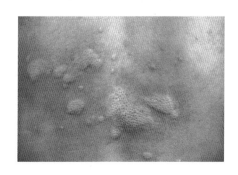

急性荨麻疹最常引起的是食物，如海鲜、干果等，药物如青霉素类。治疗上首先是找原因，并尽量避免。食物引起的要清理胃肠道，保持大便通畅，饮食应清淡；药物引起的，应立即停用，多喝水，必要时输液，以促进药物排出。口服氯雷他定或西替利嗪，外用炉甘石洗剂。

慢性荨麻疹的发病原因常常不清楚，治疗的建议是：①努力寻找病因，并尽量避免。②寻找一个有效的药物。③待皮疹控制后，逐渐摸索出一个能将皮疹控制的最小维持剂量，如隔日或每三天服一片，坚持数月、甚至更长。

@皮科大夫朱学骏 送给你的私信

　　形形色色的荨麻疹：若抓碰皮肤后出红道、痒，称为人工性荨麻疹或皮肤划痕症。在受到压力时出疹，称压力性荨麻疹。若接触凉水或冰块后在接触部位出荨麻疹，称为寒冷性荨麻疹。若在运动后、热饮后出荨麻疹，称为胆碱能性荨麻疹。有一种在昆虫叮咬后出疹，称丘疹性荨麻疹，其实并不是真正的荨麻疹。

头皮屑多、痒怎么办

　　天气炎热、出汗及出油多，如果头发稠密，马拉色菌（头皮正常的寄生菌）容易过度生长，是造成头皮脂溢性皮炎、瘙痒的一个原因。治疗建议：①勤洗头；洗头时用采乐（2%酮康唑）洗剂或希而生（二硫化硒）洗剂（可以每2～3天1次）或海飞丝洗剂。在头皮停留几分钟后再冲去。不要用碱性大的肥皂；②每晚睡前外用联苯苄唑溶液；③头发适度剪短；④避免剧烈搔抓；⑤平时可口服维生素B$_6$，多吃些蔬菜。

　　发生在头皮的脂溢性皮炎与银屑病（牛皮癣）容易混，所以先应明确诊断。脂溢性皮炎都发生在出油多的部位，如头面部、前胸，而银屑病除头皮外，常在肘膝伸侧或腰骶部可见钱币大小、上附成层银白色皮屑的皮疹。

手掌脱皮与汗疱疹

　　人的表皮每1.5～2个月更新一次，表皮更新在身上表现为洗澡时可搓出"泥子"。手是人类劳动工具，手掌皮肤较厚，表皮更新在手掌可表现为脱皮，尤其是春天，万物苏醒，生命活跃了起来，手掌脱皮较为常见。有时可表现手掌出针帽大小的丘疹或水疱，有些痒。几天后疱干涸成点状脱皮，即汗疱疹。有人只是脱皮，没有疱，称"剥脱性角质松解症"。手掌脱皮时不要撕，尽量避免接触碱性强的刺激物，如洗涤剂等。经常外搽护手霜，也可外搽10%尿素霜、维生素E霜、复方乳酸软膏等。若瘙痒明显，可外用皮炎平软膏、益康唑曲安奈德软膏等。

手足皲裂需要特别护理

足跟皲裂多见于老年人，往往与足跟角质层太厚有关。每晚以温水泡足，用手搓去死皮后，外用10%尿素软膏、治裂膏或复方乳酸软膏，然后包上保鲜膜。白天在裂口处贴上橡皮膏。如此每天反复，会好的。若有足癣，则早晚外用治足癣的药膏。

手是人类劳动工具，接触各种物质，有的有刺激性。不注意防护，久之成为慢性刺激性皮炎。皮肤粗糙干裂，特别是手指屈伸处易裂口、疼痛。重者皮肤逐渐增厚、瘙痒，成为令人烦恼的慢性湿疹。所以，注意手的日常护理很重要，随身经常带上护手霜，洗手后随时外用，保持手的润泽。

冬天气候干燥，空气湿度低。要注意皮肤护理，主要是保湿。入睡前将双手足在温水中泡一会，然后涂上含尿素、尿囊素、羊毛脂或凡士林等的护肤品。皮肤干燥者，特别是鱼鳞病患者尤其要注意。

@皮科大夫朱学骏 送给你的私信

足跟皲裂：足跟着力，皮肤较厚。当角质层（最外层死亡的表皮细胞，起着重要保护作用）过厚，一着力，就容易裂开，称足跟皲裂。可在每晚以温水泡足，用手搓去死皮后，外搽10%尿素膏、治裂膏或复方乳酸膏，然后包上保鲜膜。白天在裂口处贴上橡皮膏。

手足癣与股癣可互相传染

手足癣由真菌引起。真菌在自然界无处不在，尤其在温暖、潮湿的环境。足部、尤其是趾间具备这样的环境，所以足癣是十分常见的。手癣常始于单侧，可慢慢发展至双手。治疗的外用药有酮康唑软膏，咪康唑软膏，益康唑软膏、克霉唑软膏、联苯苄唑软膏或溶液、特比萘芬软膏、萘替芬软膏、环吡酮胺膏、复方苯甲酸软膏、土槿皮酊、十一烯酸癣药水等。

股癣是指长在大腿内侧及臀部的癣。成年男性，在湿热天气，大腿根或臀部出皮疹，若痒，则首先需考虑股癣。应注意保持局部清洁、干燥。体癣则泛指长在光滑皮肤上的癣。有时体癣可由带菌的宠物猫传染。小孩喜欢抱猫，可在手臂或前胸染上体癣。治疗药物与手足癣的相同，在大腿根部不要用含激素的药膏，如皮炎平等，激素能暂时止痒，但癣会越用越重的。益康唑曲安奈德（派瑞松）软膏含有激素，对发生在大腿内侧的股癣不主张用。

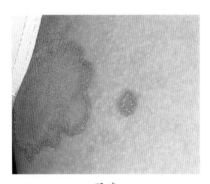

股癣

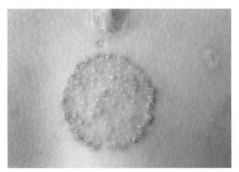

体癣

甲癣治疗要耐心

当真菌感染了指（趾）甲，使甲变脆、发黄、增厚，称为甲癣，俗称灰指甲。治疗甲癣一定要有耐心，因为指甲每周长1mm，趾甲每2周才长1mm，加上甲十分坚硬，药物不易进去。常用的外用药有环吡酮胺（环利）软膏、30%冰醋酸液，每天晚上以醋泡的棉球放在病甲上；8%环吡酮胺甲涂剂、5%阿莫罗芬甲涂剂（罗美乐），每周只需用药一次。为提高治疗效果，外用药前，应尽量将病甲修薄，注意同时应治疗手足癣。

若多个甲患病，可以内服药。常用的有伊曲康唑（斯皮仁诺）、特比萘芬及氟康唑等。由于需要服用时间较长，而且药物有一定的副作用，所以一定要在专业医师指导下服用。服药期间需定期查肝功能，肝功能不好者不主张服用。

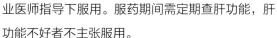

@皮肤大夫朱学骏 送给你的私信

甲的生长十分缓慢，甲本身又很坚硬，甲病治疗需要耐心。如甲癣治疗需要半年至一年。由于甲修剪太枯，导致新长出的甲往肉里长称为嵌甲，早期应尽量将甲往外翻，后期则需拔甲。甲沟炎，若是细菌性，外用复方多粘菌素软膏；若是真菌性，外用益康唑膏。

花斑癣需要治疗

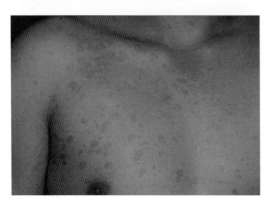

花斑糠疹又称花斑癣、俗称汗斑，由糠秕马拉色菌引起。在天气炎热、潮湿的环境下容易患病。表现为淡红色的斑，一般无自觉不适或稍有痒感。首先，应尽量保持皮肤干燥。洗澡可用采乐（2%酮康唑）洗剂，在皮肤上停留数分钟后洗去。洗澡后及每晚睡前可外用联苯苄唑溶液或咪康唑软膏等。若范围广，反复发作，可以在医生指导下口服伊曲康唑片。勤换内衣，治好后，内衣应洗烫。

有的花斑癣治好后，可在原来皮损部位留下色素减退斑，称为寄生性白斑。寄生性白斑不是白癜风，颜色是可以慢慢恢复的。若会游泳，去海边或日光浴可有助于色素的恢复。

@皮肤大夫朱学骏 送给你的私信

花斑糠疹又称汗斑，发生与出汗有关。外泌腺（俗称小汗腺）遍布全身，以手掌、足跖、额部、腋窝部最为丰富。外泌腺分泌的汗液经导管排至体表。当汗液挥发时带走体表热量，起调节体温作用。夏天天气湿热，除花斑糠疹外，痱子的发生也与外泌腺有关。

带状疱疹尽早治疗效果好

带状疱疹是由水痘-带状疱疹病毒引起。凡小时候得过水痘者，该病毒就一直在体内，伺机而动。多数人要到五十岁后，身体抵抗力下降了才会犯带状疱疹。少数年轻人由于过劳、或患重病，或服用免疫抑制剂等药物，使机体免疫力下降，则会在年轻时得。

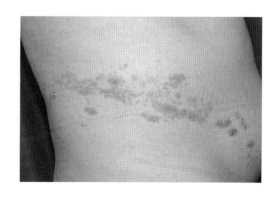

治疗有特效药，常用的口服药有阿昔洛韦、泛昔洛韦、伐昔洛韦等。严重时可静脉给药，如阿昔洛韦、喷昔洛韦，肾功能不好者慎用。外用药有阿昔洛韦软膏及喷昔洛韦软膏。内服药均为处方药，应在医生指导下使用。用药期间应多喝水。治疗最好在起疹72小时内开始。若皮疹已出现7天以上，则服抗病毒药的意义不大，可服神经营养药如维生素B_1、维生素B_{12}。带状疱疹的自然病程为2～3周，发病后服药约10天即可。

带状疱疹由于病毒侵犯了神经节及外周神经，可以从一开始就有疼痛的感觉。特点是皮肤十分敏感，手摸、衣服蹭就会引起疼痛。带状疱疹发生3个月后仍然疼痛称为"**带状疱疹后遗神经痛**"。治疗较为棘手，可以内服药如普瑞巴林、加巴喷汀、卡马西平、吲哚美辛（消炎痛）等；外用药如利多卡因凝胶或贴剂等；理疗，如紫外线照射、超短波、微波等；封闭治疗等。以上治疗方法均应在专业医生指导下进行，目前不少医院设有疼痛门诊，大多由麻醉科医生应诊。

容易复发的单纯疱疹

单纯疱疹由疱疹病毒引起，好发于口唇。典型损害为小堆水疱，可在高热后发生，自然病程5～6天。若偶尔犯，外用消炎药即可。外阴部是单纯疱疹感染的另一个好发部位，表现为数个集簇的小水疱，很容易破溃成点状糜烂。发生在外阴部的疱疹有较强的传染性，通过性接触传播。生殖器疱疹容易反复发作，称为**复发性生殖器疱疹**。如果偶尔犯，发作时口服阿昔洛韦，每天3次，每次400mg，连服5～7天。局部外用阿昔洛韦或喷昔洛韦软膏。若每年发作次数在6次以上，则需长期（一年，甚至更长）口服阿昔洛韦，每天2次，每次400mg。该药是安全的，可以长期服用，服药期间应多喝些水。此外，应注意休息，避免过劳，增强体质。

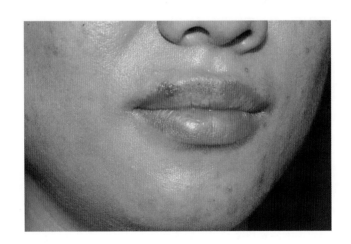

传染性软疣要及时治疗

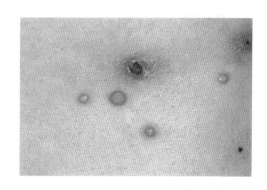

传染性软疣好发于儿童及青年女性，由病毒引起。主要通过直接接触传染，也可通过共用浴巾或搓澡巾而传染。多见于前胸、后背，也可见于面、颈部及身上任何部位。为皮肤色半球形的丘疹，表面光滑。数量从几个至几十个不等，无自觉不适。治疗是用消毒镊子夹，挤出其中的疣体。压迫止血后外搽2.5%碘酒。对挤出的软疣小体不能乱扔，应该焚毁。夹掉后应注意，检查有否新长出的，有就立即夹除。每两周自查一次，若有新疣长出，随时夹除。应注意个人卫生，如内衣需洗烫，与患儿不共用浴巾、不共用搓澡巾等。

@皮科大夫朱学骏 送给你的私信

　　寻常疣，扁平疣、跖疣、丝状疣、尖锐湿疣等是由另一类病毒，即人乳头瘤病毒（HPV）引起。HPV有100多个亚型，不同型引起不同的疣。尖锐湿疣通过性接触传染，大多由6，11型引起，少数由16，18型引起。HPV16，18型长期感染女性官颈可以引起官颈癌，应予重视。

虫咬皮炎不能大意

被昆虫叮咬所引起的皮疹，十分常见。春夏季节，天气炎热，昆虫滋生，加之衣着较少，皮肤暴露在外，虫咬皮炎尤为多见。

虫咬后的皮肤反应因人而异，也因所咬虫子的不同而异。

先说"因人而异"：虫咬时，虫体释放出毒素。皮疹的轻重主要取决于机体对这些毒素的反应。有的人可无反应或反应很轻；有的人会在被咬的部位起一个丘疹、风团（像风疹块样），自觉痒，短则数小时，长则1～2天才会消退；有的人，主要是儿童及女性，可以在虫咬部位长出一个水疱，有时疱可如蚕豆般大。以上两种专业上称为"丘疹性荨麻疹"。还有过敏体质者，由于对毒素过敏，可在远离虫咬的部位出现像风疹块那样的皮疹，自觉痒。

再说"因虫而异"：常咬人的虫子有蚊虫、臭虫、跳蚤、虱子等。虫在吸吮人体液的同时，会释放出蚁酸、组胺、激肽和其他毒素，引起皮疹及瘙痒。蚊虫叮咬多在外露部位。臭虫常昼伏夜出，白天躲在床板缝隙中，晚上出来觅食。它的活动很慢，被咬部位往往呈线状、一串几个。跳蚤的弹跳能力惊人，能从地面蹦到小腿上叮咬，皮疹大多在小腿及足背。

虫咬后出现皮疹，可外用炉甘石洗剂、复方薄荷脑软膏（如曼秀雷敦薄荷膏）以止痒，也可外用糠酸莫米松、无极膏、皮炎平等软膏止痒、抗过敏。被虫咬后立即涂上，并多揉一会，促进药物吸收，可明显减轻虫咬后的反应。凡含樟脑、薄荷的外用药如风油精等都有止痒作用。只是清凉油、风油精中樟脑、薄荷浓度高，对小儿及皮肤柔嫩部位有刺激性，应慎用，也不要用于眼周和黏膜部位。

若家中有宠物，应注意宠物的清洁卫生。若外出去草丛中，应注意穿长裤，扎紧裤口。蚊子常循它所喜欢的气味去找人！注意不搽香水，不涂含香料的化妆品。可外搽含避蚊胺或驱蚊酯的防蚊花露水。

毛周角化病的护理

毛发苔藓又称为毛周角化病或毛发角化病，有俗称"鸡皮肤"的。这是一个很常见的皮肤问题，有遗传因素，家中父母一方常有类似问题。好发在上臂及大腿伸侧等。是一个个彼此孤立、与毛囊一致、针头大小的角质刺，无自觉不适。有些人，尤其是方脸型者，在耳前的面颊部也可有红色的角化性丘疹。从某种意义讲，毛发苔藓并不是病，而是生理性的，就像有的人方脸、有的人圆脸，毛发苔藓是天生决定的。

毛发苔藓一般在冬季加重。有的可与鱼鳞病伴发，皮肤较为干燥。皮疹会随年龄增长而减轻。毛发苔藓无法根治，只能缓解，可以用：①润肤乳；②尿素软膏、复方乳酸软膏、5%水杨酸软膏等；③维A酸类如迪维霜（该药有0.03%及0.1%两个浓度，先用低浓度的，最初会有些皮肤刺激症状）等；若合并鱼鳞病，可服用鱼肝油丸等。

@皮科大夫朱学骏 送给你的私信

鱼鳞病是一个常见的遗传性皮肤病。主要原因是皮肤角化异常，使皮肤内既缺水，也缺油。建议多盆浴，浴后外用润肤的乳液，如维生素E乳膏、尿素霜、凡士林等。可以改善皮肤的外观！本病常冬重夏轻，冬季、尤其在北方，空气很干燥，应注意增加室内湿度，平时经常外用润肤乳。

人人都会长的色素痣

黑素细胞痣（简称黑素痣、色素痣）有先天及后天之分。先天性色素痣在出生时就已存在，它的大小不同，最大的可以占据很大的体表面积，称为巨大性色素痣；后天性是指生后，一般到学龄期后才出现。

色素痣是否会恶变，是读者们最为关心的问题。每人几乎都有色素性皮损，黄种人少一些，平均在五个以上。黑素瘤发病率是多少呢，我国约为5人/10万人。算一下，10万人约有50万个色素性损害，但发生黑素瘤只有5人，也就是说10万个色素性损害中可能有1个成为黑素瘤。更何况，大部分黑素瘤并不是从原有黑素损害基础上发生的。

什么样的色素痣需要切除呢？巨大的先天性色素痣主张切除。后天性色素痣，对长在手掌、足跖、外阴部等易摩擦部位的主张切除，其余的癌变可能性极低，不必作预防性切除。后天性色素痣恶变的指征是：短期内增大，直径超过6mm；色泽不匀，边界不整齐，不对称；隆起皮面，容易出血，破溃；周围出现卫星现象。若出现上述情况，应及时去医院就诊。

对色素痣，不主张以激光祛除，也不要试图用药物腐蚀。一则很容易复发，二则会激活痣细胞，三则如果手法掌握不好，还可能留下瘢痕。痣是一个人的标志物，何必去掉呢，若实在不想要，可以手术切除。

治疗白癜风要坚持

白癜风的治疗手段很多。外用药常用的有：①含补骨脂素的光敏剂，如0.2%8-甲氧沙林液，外涂该药后最好暴露于阳光下，最初晒1～2分钟即可，以后根据皮肤反应（发红即可，若出现水疱则应暂停阳光晒）逐渐延长光照时间；②糖皮质激素类药膏或药水；③他克莫司软膏（儿童用0.03%，成人用0.1%）；④近年来有不少新的治疗手段，如光疗（308nm准分子激光及窄波紫外线）、表皮吸疱移植（适于皮损稳定，单个损害直径在2cm左右）、自体黑素细胞接种（适于面积较大的皮损）等；⑤其他。白癜风的治疗尚无有效的内服药。

具体治疗方法及效果，要根据皮损部位、范围、病程、病变活动度及有否系统性疾病等而定。用光疗或外用药治疗不能指望很快见效。治疗起码要坚持3～6个月，才能判断是有效还是无效。所以，治疗需要耐心。若病期短，皮损小，则治疗效果好；若病期长，皮损范围广，则治疗困难，效果差。

并不是所有的色素减退斑都是白癜风，常见的还有以下可能：①色素减退痣，出生就有，边界可不规整；②贫血痣：出生就有，用塑料尺子一压，与周围皮肤颜色一致，而色素减退痣压后与周围皮肤颜色仍不相同；③炎症后色素减退斑：原有炎症消退后出现，慢慢可恢复；④小孩面部有时可见钱币状大小的淡色斑，称为**单纯糠疹或白色糠疹**，治疗可外用5%水杨酸软膏或5%硫磺软膏，不治疗的话到发育年龄大多可自动消退；⑤其他。

老年人要关注的皮肤瘙痒

老年人代谢变慢，皮肤无论是含水量还是皮脂量均已减少，使皮肤变干。老年人不要以高温水洗澡（烫澡），更不要搓澡。因为这一烫一搓，人为地破坏了皮肤表面的保护膜。皮肤失去了屏障，就十分容易受到外界的各种刺激，造成皮肤瘙痒。

对老年性皮肤瘙痒的治疗，首要的是做好皮肤保湿。①洗澡用温和偏酸性沐浴液，不用碱性肥皂；②不要使劲搓皮肤，毛巾应柔软；③洗完澡擦干皮肤后，外涂润体乳或保湿乳，以保持皮肤的润泽；④尽量避免剧烈搔抓，若瘙痒明显，可外搽止痒药（详见前述），必要时睡前可服用一片扑尔敏、苯海拉明片；⑤若皮肤干，有鱼鳞病，平时也要注意加强皮肤保湿；⑥内衣穿棉织品，不用化纤类的，洗衣服最好不用加酶洗衣粉，洗后多用清水冲洗；⑦如果瘙痒持续、剧烈，应去医院检查，有否糖尿病等系统疾病。

@皮科大夫朱学骏 送给你的私信

对老年性皮肤瘙痒的治疗，首先是做好皮肤的保湿。洗澡沐浴液的选择很重要，不要使用碱性，选用中性略偏酸性的。不烫澡、不搓澡。洗澡毛巾擦干皮肤后，在面部及四肢涂上护肤品。痒时尽量不要抓，外用具有止痒作用的护肤品或止痒药。

皮肤常见小肿物

汗管瘤与粟丘疹：常见于**眼周稍突起的小肿物**，有两个可能：一是**粟丘疹**，二是**汗管瘤**。前者多见于青年人，用消毒针尖可挑出一个白色的粉刺状物，民间有称"脂肪粒"的；后者多见于中青年女性的眼睛下方，常在夏季加重。我院采用电解法治疗，效果很好。也有采用激光治疗的。

皮肤纤维瘤：这是一个常见的皮肤病，可由于虫咬或轻微创伤等引起，常见于四肢，以下肢好发。黄豆大小，表面光，呈褐色，较硬，无自觉不适。良性，不会恶变。可不必治疗。若认为影响美观，可手术切除。

皮赘与丝状疣：好发于颈部及腋窝，数量不等，可以有数十个。在中老年人很常见，尤其是体态已发福的。皮赘又称为软纤维瘤，质软。丝状疣的顶部稍硬，有刺，治疗最常用冷冻，也可用激光点灼。我科门诊护士用消毒的眼科小剪刀直接将疣剪去，又快又好，当然操作者的视力要好、手要巧。

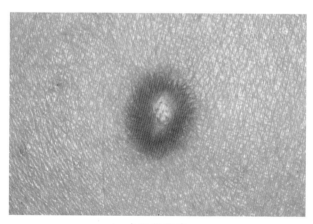

皮肤纤维瘤

衰老在皮肤上留下的痕迹
——老年性皮肤改变

人老了，岁月的痕迹刻在皮肤上。皮肤老化大体可分为以下两类：

一是**生理性老化**，如皮肤变得松弛、下垂、出现皱纹；皮肤变薄、变干、出油减少。皮肤常可见三种颜色改变：白色：为0.5cm～1cm大小圆形的斑，称为老年性白点；红色：为0.3cm～0.5cm、红色、半球形隆起皮肤表面，称为老年性血管瘤。这两个改变主要见于躯干及四肢，随年龄数量会逐渐增多。褐色或黑色：称为老年斑。老年斑有的可逐渐高起皮肤，表面呈乳头状，称为脂溢性角化症，俗称老年疣。多见于外露部位，如头面部，也可发生在身体的任何部位。老年斑可以外用0.1%维A酸软膏（迪维霜），每晚一次。此药初用有刺激性，慢慢就适应了。需要长期用，每次外用后应洗手。也可以作冷冻或激光祛除。**脂溢性角化症**可不治疗，也可作冷冻，或外用维A酸软膏。

一是**日光性老化**，都发生在外露部位，尤其是面部，皮肤变得粗糙、干燥、色泽加深、纹理粗重，见于长期在户外、野外工作者，生活在海拔高、接受紫外线照射强度高的人。**日光性角化症**即光线性角化症，是一个癌前期病变，都发生在长期受到日晒的部位，为指甲盖大小的淡红斑，摸之表面粗糙。治疗可外用5%咪喹莫特膏、光动力学治疗、0.1%维A酸软膏（迪维霜）等，如果往外长出肿物，易破溃出血，则需切除。

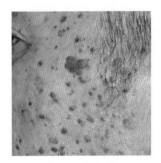

脂溢性角化症

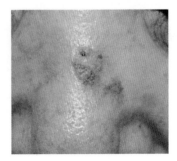

日光性角化症

常见的皮肤恶性肿瘤早知道

老年人皮肤上出现肿物，若易破溃，触之易出血，则要怀疑皮肤癌的可能，需及时去医院确诊。我国老龄化正在加速，皮肤癌并不少见。只要早诊断，早治疗，治愈是没有问题的。老年人常见的皮肤恶性肿瘤有基底细胞癌、鳞状细胞癌。基底细胞癌大多发生在头面部，最初为一黄豆大结节，中央易破溃，出血，一般无自觉不适，生长缓慢。鳞状细胞癌大多发生在原有皮肤病基础上，如长期烧伤瘢痕、慢性溃疡、日光性角化症等。肿瘤大小不等，常有溃疡、出血、生长较快。皮肤癌看得见，摸得着，早期切除预后是很好的，而且术后一般也不必作放疗或化疗。

近年来，老年人中恶性黑素瘤的发病在上升。在我国，多见是长在肢端、手足及指甲根部。表现为黑色的斑，形状常不规则，缓慢增大，有的可破溃。

我国老龄化加速，皮肤肿瘤并不少见，需要我们关注。

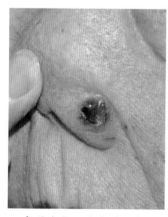

鼻翼基底细胞癌（78岁）

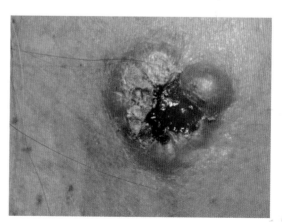

面颊部鳞状细胞癌（77岁）